孤独的力量

内心才是一切的答案

[德] 尼采 等 著
琳中展羽 译

天津出版传媒集团

天津古籍出版社
天津教育出版社

图书在版编目（CIP）数据

孤独的力量：内心才是一切的答案/（德）尼采等著；琳中展羽译. -- 天津：天津古籍出版社：天津教育出版社，2019.12

ISBN 978-7-5528-0908-4

Ⅰ.①孤… Ⅱ.①尼…②琳… Ⅲ.①成功心理 – 通俗读物 Ⅳ.① B848.4-49

中国版本图书馆 CIP 数据核字（2019）第 276866 号

孤独的力量：内心才是一切的答案
GUDU DE LILIANG NEIXIN CAISHI YIQIE DE DA'AN

［德］尼采等 / 著

琳中展羽 / 译

出版人 / 张玮

天津古籍出版社

（天津市和平区西康路 35 号　邮编 300051）

天津教育出版社

（天津市和平区西康路 35 号　邮编 300051）

http://www.tjeph.com.cn

朗翔印刷（天津）有限公司印刷

全国新华书店发行

开本 880 毫米 × 1230 毫米 1/32　　印张 7　　字数 80 千字

2019 年 12 月第 1 版　2022 年 5 月第 6 次印刷

ISBN 978-7-5528-0908-4　　定价：49.80 元

献 词 页

对具有高度自觉与深邃透彻的心灵的人来说，痛苦与烦恼是他必备的气质。

——陀思妥耶夫斯基

目 录

第一章 孤独是生命的礼物

002　独居生活（节选）/［美国］梭罗

009　孤独与刺激 /［法国］帕斯卡尔

013　孤独 /［法国］波德莱尔

015　论无所事事 /［英国］约翰·普利斯特里

022　阴翳礼赞（节选）/［日本］谷崎润一郎

028　蒂巴萨的婚礼 /［法国］加缪

第二章　缄默的人，只是在等待属于他的时代

038　论沉默 /［比利时］梅特林克

042　查拉图斯特拉如是说（节选）/［德国］尼采

045　与猫倾谈 /［英国］西莱尔·贝洛克

050　人的灵魂 /［爱尔兰］叶芝

054　论波德莱尔的几个母题（节选）/［德国］瓦尔特·本雅明

058　双重的生活 /［德国］叔本华

064　命运折磨他，是为了配得上他（节选）/［奥地利］茨威格

第三章　唯有孤独恒常如新

086　孤独 /［日本］本多显彰

089　孤独似海，而生活便是这海中的一座岛 /［黎巴嫩］纪伯伦

092　论孤独 /［英国］亚伯拉罕·考利

096　不眠之夜 /［德国］黑塞

099　心灵的宁静 /［法国］卢梭

第四章　仰望星空，才能与发光的灵魂为伴

102　孤独 /［美国］爱默生

106　给一位年轻诗人的第十封信 /［奥地利］里尔克

112　人生的智慧（节选）/［德国］叔本华

116　瞧，这个人（节选）/［德国］尼采

121　我人生的旅途 /［印度］泰戈尔

第五章　你不过是每一个孤独的瞬息

126　树木 /［德国］黑塞

129　窗外 /［墨西哥］奥克塔维奥·帕斯

133　最后一次的炉火 /［法国］高兰特

138　人，诗意地栖居 /［德国］海德格尔

148　山 /［美国］福克纳

151　孤独的树 /［保加利亚］埃林·彼林

第六章　世界是心灵的倒影

154　给纳塔纳埃尔 /［法国］纪德

159　被缚之人（节选）/［法国］萨特

180　反抗者 /［法国］加缪

191　单身男人的白日梦 /［英国］阿兰·德波顿

194　美学理论（节选）/［德国］西奥多·阿多诺

199　马尔特手记（节选）/［奥地利］里尔克

210　梦想的诗学（节选）/［法国］巴什拉

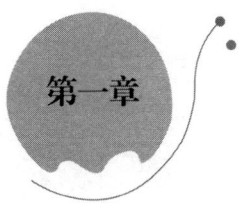

第一章

孤独是生命的礼物

以灵魂的形态去接近自然,感知世间万物的力量。

孤独的力量：内心才是一切的答案

独居生活（节选）

[美国] 梭罗

春秋两季频繁的暴雨，让我偷得人生当中最欢欣愉悦的时光，因为只有瓢泼大雨才能让我心安理得地待在家中享受闲暇，任由思绪从拂晓徜徉到黄昏。

东北部的大雨是猛烈而又强悍的，一旦降临，必将使村子受到严峻的考验。八年前的一次雷阵雨中，一道来势汹汹的闪电便"吻"上了瓦尔登湖对岸的一棵苍松，从上到下留下了一个深一寸，宽约五六寸的痕迹。

这个螺旋形的痕迹就好像利器上开凿的血槽，不由让人产生敬畏。所以，每年的这个时候，女佣们便会准备好水桶与拖把，应对随时可能出现的洪水。不过，我却不怎么担心，因为我的小房子有一道坚固的门，它就矗立在那里，给我带来一份牢固的安全感。

第一章 孤独是生命的礼物

然而，却总有人对我说："你在这种地方生活，不会觉得孤独与寂寞吗？难道在狂风骤雨的日子里也不会想要与人亲近吗？"

对于这样的疑问，其实我很想这么回答——在我看来，你说的这些都不是问题，为什么非要觉得自己孤独又寂寞呢？就好比我们人类，也不过是一群孤独者。我们居住的这颗星球，无非是浩瀚宇宙中最渺小的一个点。假使宇宙中存在着其他生命，那也是我们用最先进的天文仪器都无法观测到的。

实际上，我早就意识到了，**空间上的亲近并不意味着心灵上的亲昵。**

即使是在熙熙攘攘的车站、街道、学校，甚至是人声鼎沸的会场、酒吧，喧嚣也往往不能够打败孤独与寂寞。意识到这一点的聪明人反倒会选择回归自然，在勃然的生命力中接受心灵的慰藉。就好像倔强生长的树木那样，总是将自己的根伸向生命的源泉……

可有的人明明身怀宝藏却浑然不知。比如，我在瓦尔登湖畔的邻居，他明明拥有着瓦尔登湖这个无与伦比的财富，却舍近求远，总是在黑夜的泥泞之路上赶着牛车前行，只为到遥远的闹市中排解寂寞。

有意思的是，他还邀请我一起去找乐子。而我只能告诉他，现在的生活才是我最大的乐趣。

我们中的大部分人都是感官动物，会因为外界的诸多因素影响情绪，有些会让我们产生不可言喻的欢乐，有些则让我们陷入无尽神伤。但不论如何，这些因素都将使我们分心。可是对于逝者来说，这些外界影响就不复存在，**因为他们是以灵魂的形态去接近自然，感知世间万物的力量。**

子曰："鬼神之为德，其盛矣乎！"

"视之而弗见，听之而弗闻，体物而不可遗。"

"使天下之人，齐明盛服，以承祭祀。洋洋乎！如在其上，如在其左右。"

如果有机会能够像逝者那样纯粹地用灵魂去感知世界，那么，我将竭尽所能去获取这个机会，逃离尘世的浮华。但如果你以为这不过是孤独者的厌世而已，你可就大错特错了。像我这样的人永远不会孤单。诚如孔子口中说的那样："德不孤，必有邻。"

另外，主观思想可以左右我们对外界的感知，因为我们并不是把自己的一切全部融于客观事物之中。只要我们有下意识的思考行为，那么外界对我们的感官刺激就会受到影响。就好比我们既可以像激流中荡漾的浮木那样，让任何细微变化绷紧我们的全部神经，也可以像九天之外睥睨天下的帝释天那样，即使生死攸关的大事也不能在我们心中掀起些许波澜……

总之,作为可以掌控情感的人类,我们可以让自己拥有双重人格,当主人格拘泥于当下时,就让第二人格跳脱出来,以一个旁观者的心态来审视自己。这样,就算不幸降临到自己身上,我们还可以保持理智去寻找希望。但值得注意的是,用双重人格去感知外界,有可能让我们很难交到朋友。

然而,就我个人而言,独处或将是一件对自身有益的事情。因为即使是最好的朋友也有厌倦的时候。到了那时,以往的深情厚谊就变成了负担,反倒是孤独与寂寞变成了人生路上难寻的良伴。

要知道,在人生路上有所追求的人,即使把他置身于闹市之中,他也是孤独的——孤独地面对一个个迎面而来的艰难困苦。而这样的孤独者很像剑桥大学里的学子,虽然剑桥大学里拥挤的学生就像沙漠里数不尽的沙子,但真正勤奋的学生却是不折不扣的孤独者,独自沉浸于知识的海洋。

很多人并不理解这些孤独者,譬如独自在山间田头劳作的农夫,他们可以一个人在那里忙活一整天,但是到了晚上可以休息的时刻,他们却不甘寂寞,总要到人多的地方去消遣一下,像这样的人就不能理解那些独自探索知识的学子,不明白这些学子是

孤独的力量：内心才是一切的答案

怎样才能挨过孤独的时光。然而，农夫们没有意识到学子虽然独身一人，却有知识相伴，他们也享受到了和常人一样的社交快乐，只是形式不同于常人罢了。

孤独学子的这种社交非常有价值，相反很多人频繁与他人接触，餐餐都有酒肉朋友，但他们的社交却往往没有什么价值。这就好像工厂里大批的打工女孩那样，她们在同一个工厂里工作，同一个宿舍里居住，彼此之间却没有形成该有的礼仪与规则，空间上的亲近反而成了她们之间相互理解的障碍。有这样的社交还不如不去社交。

所以，大家应该明白，社交的价值并不是人与人之间实质上的触碰，而是心灵上的交融。

我曾听说有人在森林中迷路，久久不能出来，最后又累又饿瘫倒在树下。这时，由于身体的虚弱，他产生了种种幻想，并且信以为真。这件事说明，当一个人的身体及精神处于低迷状态时，他感觉不到身边唾手可得的鼓舞，因而会沉浸在孤独中。

但反过来，当一个人的身体与精神处于巅峰状态，即使独自一人置身森林深处，他也不会感觉到孤单。

就拿我来说，居于瓦尔登湖，平日里鲜有朋友到访，甚至连电话都没有几个，但是我并不孤独。瓦尔登湖陪着我，湖中长啸

第一章 孤独是生命的礼物

的潜鸟陪着我……

甚至这瓦尔登湖,也从来都不是孤独者。这块碧蓝的湖面,除非是乌云覆盖,否则也会有三足金乌为之雀跃。而瓦尔登湖也总是能够及时回应,用湖中倒影来响应这毋庸赘言的默契。

魔鬼才成群结队,而上帝总是孤身一人。

随风摇曳的毛蕊花孤独吗?

牧场上飞舞的蒲公英孤独吗?

豆叶、酢浆草,甚至马蝇、大黄蜂……它们孤独吗?

风信鸡,北极星,南面吹来的暖风,四月的阵雨,一月化开的冰冻,或是惊蛰时节第一只醒来的蜘蛛……它们又孤独吗?

其实,我与它们一样……

漫长的冬夜里,当狂风怒雪肆意侵蚀森林的时候,一个总是被大家认为已经死去的老者会不时地来拜访我。据说,这位老者就是瓦尔登湖的缔造者,他还沿着湖畔种上了松树,铺上了石子。我与这位老者总是能够相谈甚欢,即使没有下酒菜与苹果酒,我们也能度过一个个愉快而又美好的夜晚——实际上这位老者虽然总是孤独一人,却是一位最聪明且幽默的朋友——他比你知道的所有智者通晓更多各种秘闻。

还有一位住在我附近的老太太,虽然大部分的瓦尔登湖居民都接触不到她,但是我却很乐意到她的香草花园里一边收集药草,一边倾听她的话语。因为这样的一位孤独者却有着常人无法拥有的超凡记忆力,能把她年轻时发生的每件琐事描述得一清二楚。让人想象不到的是,这位孤独的老太太面色红润,精神矍铄,看样子要比她膝下的孩子活得还要长久。

夏去冬来,风吹雨打,大自然总是用难以形容的仁慈与恩泽包容我们。它孜孜不倦地给我们提供着快乐的源泉,同时予以无与伦比的同情。当我们因为某些原因而悲痛的时候,阳光会变得忧伤,风儿在我们耳畔叹息,云里坠下同情的泪水。就连树叶都会萧瑟,仿佛诉说着无尽的落寞……

大自然如此诚意地对待我们,难道我们不应该投桃报李,与这份心意息息相通吗?毕竟我们人类是在这片土地上繁衍生息的。

自然母亲赠予我们保持健康、心情平静、易于满足的良药。这种药并不是那种来自恶魔的诱惑,需要付出代价才能享用。它随手可得,可能是一道黎明的曙光,一口纯净的空气,任由人们尽情地索取,却功效惊人。

第一章 孤独是生命的礼物

孤独与刺激

[法国] 帕斯卡尔

人们似乎总是会把自己置身于争端之中,或是在法庭上与人喋喋不休地争吵,又或是在战争中与人拼个你死我活,总之人们常常无意识地陷入争执的泥潭之中。这种情况其实是有原因的,那就是人们总是按捺不住寂寞,不会享受独处。

是的,试想一个本可以自给自足的人,如果他能够做到开开心心地在家中享受独处的时光,他又为什么会舍弃这份快乐,大老远地去攻城略地?要不是因为他觉得在家中赋闲是荒废光阴,他怎么会让自己置身战场?正是因为家中独处让他感到空虚与寂寞,所以他才会到刺激的战场上寻求消遣。

如果我们再深入一些分析这个问题,就会发现,这一切与人们脆弱的生命密切相关。人们终将面对死亡,**所有人都得直面死亡,没有任何东西可以拿来慰藉。**

即使是一个国家的国王，过着衣食无忧的日子，他也不得不面对疾病与死亡。而且国王与普通民众不同，他还需要担心随时可能发生的叛乱。因此国王可能比普通民众更加不堪。所以他才会更加想要在自己活着的时候把最好的东西拿给自己，为此甚至不惜发动战争。

正是因为这样，人们才会对赌博、淫乐、争权等行为乐此不疲。其实，很多时候人们享受的并不是赌博赢来的金钱，或是女子的美貌，而是享受赌博与追求美女的过程。如果过程平淡无奇，结果唾手可得，那反而会让人觉得乏味，失去兴趣。

所以才会有人这么说："人们喜欢追捕猎物尤甚于追捕到的猎物。"

或许，就是因为这样，监狱才成了可怕之处——它让人远离喧嚣和纷扰，直面孤独。而孤独却是常人最恐惧的东西，很少人能够在孤独中寻得快乐。

即使是一名国王，面对孤独也是无能为力。所以，再英明神武的国王也需要弄臣，弄臣的作用就是帮助国王排遣孤独。

但是，很多人却意识不到这一点。他们认为猎兔子不如买兔子，因为在森林里狩猎可能一整天毫无收获，而去市集买兔子，只需花费金钱就可以了。

这些人没有抓住重点：其实，兔子本身可能并不是我们需要的东西，我们只是需要在狩猎兔子时排遣孤独而已。这就好像伊庇鲁斯国王皮鲁斯总是妄图征服世界那样——皮鲁斯需要的并不是征服后的世界，而是征服世界的过程。

我们总是会去祝愿别人生活安宁，希望被祝福者生活幸福，希望这个人可以无忧无虑，不用面对什么纷纷扰扰。但这种祝愿往往都是妄想，并不符合人们的天性。

然而，凡是不甘于寂寞的人，安宁反而是他们最不愿意接受的东西，他们更需要刺激的生活。为了寻找刺激，这样的人甚至甘愿为此付出代价。

我们不必因此而指责那些为了寻求刺激甘愿付出代价的人。如果这些人能在刺激中寻得慰藉的话，那么付出反而是值得的。只是怕那些追寻刺激的人并没有在过程中得到慰藉，而是在刺激中迷失自我——没有得到慰藉，反而疲惫不堪。

对于那些在追寻刺激中疲惫不堪的人们来说，如果这些人能沉静下来，好好想一想他们追寻刺激的最初缘由，他们就会发现，刺激不过是他们排遣孤独的一种方式——刺激转移了他们的注意力，安抚了他们的欲念，所以刺激过后才会给这些人带来安宁。但是，很多人忘记了刺激过后的安宁才是他们真正追寻的东西，结果让频繁的刺激麻木了身心。

偶尔的刺激效果显著，如果刺激成了公式化的东西，那么一切就会变得索然无味。正如一名绅士偶尔打猎，会认为打猎是一种刺激，是一种高贵的乐趣；但换作以打猎为生的猎户，就不会有这种感觉了。

归根结底，人若忘记了自己贪得无厌的本性，以为自己是在驾驭刺激，寻找慰藉，却浑然不知自己已经被刺激所驾驭，这样反倒成了刺激的奴隶。

人们害怕独处，恐惧孤独，所以才会本能地在刺激中寻求慰藉；同时人们又本能地意识到，喧嚣背后才是最为极端的孤独，而人们真正需要的是刺激背后的安宁。

这两种截然不同的想法在人们身上形成一种混乱。因此，人们才会时而向往孤独，时而寻求刺激。如果能随心所欲地驾驭这两种本能，让其相辅相成，人们才能真正打开幸福的大门，享受真正的心灵的安宁。

孤独

[法国]波德莱尔

有位慈善家曾告诉我,"孤独不利于人生"。为了让不信服这个观点的人能够接受这句话,这位慈善家引用了教会里神父常说的话。

"你知道的,魔鬼总是喜欢出现在寂寥之地,因为寂寞与孤独会催生凶残与淫乱的念头。"不过,好在这种孤独引发混乱的情形大多只会出现在意志不坚定的人身上。

是的,譬如一个平日里夸夸其谈的人,其最大的乐趣莫过于在人群之中高谈阔论。但如果把他弃置于无人问津的荒岛,你能指望他面对孤独时拥有鲁滨孙那样的勇气与魄力吗?可最大的问题在于,不是所有的人面对孤独时都那么软弱无力。

诚然,总有那么一些人,即使把他们绑在绞刑架上,但只要给他们可以与人交流的契机,他们便可视死如归。对于这样的人来说，黄泉路上的丧钟都不可怕，因为有人做伴，自己并不是孤独一人。

我理解这样的人。但我不敢苟同的是，实际上，这些人从交流中得到的快感在他们惧怕的孤独中也能得到。比如，那位告诉我"孤独不利于人生"的慈善家，他总是苦口婆心地对我说："难道你就从来没有发现，分享快乐是人生的刚性需求吗？"

有意思了，独属我一人的快乐难道就不是快乐吗？非要我去渲染到人尽皆知才可以吗？

"不会独处，是人生中最大的不幸……"道德批评家拉布吕耶尔如是说。相信这句话会深深刺痛那些在喧闹中逃避孤独的人。

而另一位哲学家帕斯卡则认为："现在我们所有的不堪，可能都是因为我们不善于面对孤独。"

这话深得我心。帕斯卡是要让那些浮于表面的人沉下心来，勇敢面对孤独，享受孤独，而不是在熙熙攘攘中寻找幸福。

论无所事事

[英国] 约翰·普利斯特里

我的一个朋友有一家农舍,他曾邀请我前去住了一阵子。

这位朋友是一个美术家,**他虽然有些懒惰,但却是个招人喜欢的家伙。**因此,当他邀请我去他的农舍时,我欣然答应,决定去农舍里住些时日。

那所农舍距离约克郡的火车站足有十千米远,处于丘陵地带深处。恰巧我又选择了一个暖和的天气,于是在农舍的生活十分惬意。

每天清晨,我都会顺着最近的乡野小道,自在地爬到海拔六百多米的高地,然后随意地躺在那里,什么事也不干,只为消磨漫长而又美好的午后时光。

话说回来,荒野高原还真是最合适"偷得半日闲"的好地方。那里就是安静而又空旷的"露天大厅",只为人们提供最简单的环境。

这里听不到余音绕梁的音乐，也没有什么引人入胜的戏剧。但是，天际有飘忽不定的浮云，远处有璀璨夺目的地平线，这些都是无与伦比的美景，妙趣横生，足以让你心旷神怡。高原还贴心地提供了柔嫩的草地，顺滑如丝绒一般，恍若年轻女子的纤手，招呼你躺在上面闭目养神。

这是一处远离世间琐事的好地方，没有纷纷扰扰的尘世，没有功名利禄的争夺，只有亘古不变的宁静，洗涤心灵的洒脱。管你是世上的何种嘈杂，在这里也只能被淹没，只能臣服于叽叽喳喳的鸟鸣。

我和我的朋友终日里就这样无所事事地躺在高原的草地上，要么远望湛蓝的天空，要么眺看遥远的地平线。当然，我们也不是真的无所事事，毕竟我和他每天都消耗了大量的烟丝，吃了许多美味的三明治和巧克力，还喝了不少冰凉透彻的溪水。

我俩偶尔也有交谈，但谁都对此兴趣不大，所以时不时地会出现冷场。但是这冷场又不会让我俩感觉到尴尬，因为我们二人或许达到了许多人梦寐以求的境界。是的，我们两个人就这么呆呆地躺着，脑子里一片空白，什么想法都没有。我们甚至都没有用吹牛来消磨时光，因为在这里，任何言语都只能是累赘。

第一章 孤独是生命的礼物

或许,在远处,在远离这个高地的某个地方,我们的亲友正在用心计划着生活,谋划着美好的人生。他们可能会费心考虑工作和生活,或者劳神计算财产,但这与我们有什么关系呢?我们在这个高原上,已然成了得道的神仙,头脑里一片空明,只留下神明的声音在不断回荡。

不过,当我们结束了这段"浮生半日闲",带着晚霞般红润的脸色回到凡间的时候,我们却从报社老板那里得知,我们受到了戈登·瑟夫里奇先生的指责。

我不知道他具体是在什么时间、什么场合指责我们的,我也不知道自己有哪点惹恼了他。我只知道他非常信任一帮古怪的家伙,这些家伙是一群富有探索精神的组织成员。我已经不记得是去年还是前年,反正也是这么一个有着和煦阳光的日子,他们中的负责人为了招揽伙伴,筹备了一次欧洲各国的旅行,并且这位负责人还在途中各处为自己的伙伴准备了名作家的演讲会。

这位负责人的筹备是成功的,他们旅途的第一站便有名家为他们做了关于现代享乐主义的精彩演讲。但我不清楚瑟夫里奇先生会不会在这群旅行者面前发表言论,我也不清楚他会不会在这群旅行者离别时送上祝福。但我却清楚,他一定会批评旅行者中的懒散之人——因为瑟夫里奇先生认为懒散是天底下排名第一的罪恶。

但我忘了瑟夫里奇是不是拿我和我的朋友作为反面事例说给那些旅行者们听。实际上,我也不想在这个问题上浪费时间。

不过,就算瑟夫里奇先生没有点我俩的姓名,但是他在抨击懒散之人的时候,脑子里一定从始至终想的都是我和我的朋友。这一点毫无疑问,因为在他的脑海里,让他最为震怒的莫过于我和我的朋友大大咧咧地躺在荒野高原上,肆无忌惮地浪费着时间。在他的心里,每天有太多的工作要做,哪里有时间允许我们这样荒废?

但是,我却希望瑟夫里奇可以摒除偏见,正视我和我的朋友。其实,即使我和我的朋友终日无所事事,谁要是感受到了我们所感受到的惬意,也会对他的心神有益。可不幸的是,瑟夫里奇先生却已经对懒散作出了判决,认为懒散之人必定有罪,因此不愿从别的角度看待懒散,就连态度也不肯做些许的改变。

这其实是件非常不幸的事情,因为在我看来,瑟夫里奇先生错了,而且是大错特错。要知道,世间的恶总是由忙碌之人造成的,而最可悲的是——这些忙碌之人并不知道哪些事情该由他们忙碌,哪些事情不需要他们忙碌。

我认为,只有魔鬼才是这天地间最忙碌的人。或许在他统治的王国里，谁也不允许闲着，即使偷闲一个下午也不行。并且，也只有魔鬼才会对懒散之人大发雷霆。

我们都确信，如今的世界并不完美，但我和我的朋友都认为，如此的不完美并不是因为大家懒散而造成的。人世间并不缺少有为，无为才是那个真正缺少的东西。世间有很多精力充沛之人，如果把世界完全地交给他们，那样世界才会变得更加不完美，因为他们会把力气花在不该用的地方。

比如，在1914年7月的某个日子——某个让人懒洋洋的好日子，所有人都希望能在阳光下消磨时光——管你是皇帝、国王、公爵、将军、政治家还是刺客，大家都不想做任何事情。那么，第一次世界大战或许就不会打响，我们的生活或许会比现在更加舒适。

但是，这种想法不被一些人所接受，那些教条主义者总是会说教，会要求所有人不浪费一点时间，就算他们已经完成了手里的工作，也要找点事情来做。于是，如他们所愿，一名塞尔维亚青年枪杀了奥匈帝国的皇储斐迪南大公，一时间，世界各处都再无懒散。

其实，那些忙忙碌碌的政治家与其带着一堆没有思考成熟的提案和无处宣泄的精力匆匆赶往凡尔赛签订条约，倒不如放下厚重的文件与繁忙的公事，找个无人打扰的山坡，安静地度假两周。

如果政治家真的能够如此破天荒地给自己放假，然后再回到凡尔赛那个所谓的和谈会议中去，那么，这些政治家的声誉或许才会得以维护，而世界也会因此变得更加美好。

如果欧洲各国的政治家们都能懒散一点，不把懒散视作洪水猛兽，那么，当他们集体懒散的时候，世界才是最好的状态。

可那些与会代表们偏要忘我地工作。问题是：他们不管罪恶是否逍遥法外，不管人类文明何去何从，却只会在女人裙子的长度及广场乐队的声响等小事上浪费时间。他们真不如找个地方躺躺，让自己的脑子更清醒些。

美国人崇尚紧张有序的生活，视懒散为万恶之首。由于美国是令人诧异的繁盛国家，我们无法否认美国人的这种想法，但我们却不应忽略另一事实——当代美国所有的卓越作家居然都是讽刺家。这也难怪，大多数的美国作家都在歌颂悠闲，倡导自由自在。也许，他们的才能便是无所事事，也许他们还为此而沾沾自喜呢。

所以，如果剥夺了梭罗那种不管天下事只赏银河景的本领，那么，估计他只会是个生硬的土地勘测员；如果让惠特曼改掉手插裤兜闲逛的习惯，那么，他肯定会失去懒散之余才会得到的纯真感情,他也就写不出《草叶集》。

相信我,**只有蠢人才会事无巨细,在任何事上都耗费自己的精力。而那些敢于忙里偷闲的人,才是真正有能力的人。**

这些人一定有存取精力的能力,也一定可以将自己置于思想的河流中沉淀。他们的本质一定是诗人,因为只有诗人才会在我们失望的时候跳起华尔兹。懂得懒散的人才会写出好的作品,因为他们活得有滋有味,活得久长,并且有时间将自己经过沉淀后得到的东西以文字的形式分享给大家。

这些人应该感激懒散,感激他们曾在生命的某段时间无所事事,世间没有什么能比这些更能使人的心灵得以净化,更能使人健康了。

我真心希望有懂得懒散好处的人能帮我说服瑟夫里奇先生——管他使用一连串了不起的十四行诗,还是用贫民才使用的大白话——只要能维护我俩,并且告诫人们尽可能地仰躺在荒野高原上,无所事事地支配自己的时间,我俩便心满意足了。

因为,懒散,或许会让这个世界变得比现在好很多。

阴翳礼赞（节选）

[日本] 谷崎润一郎

京都有家叫作"草鞋屋"的名菜馆，以不装电灯，使用古色古香的蜡烛照亮店堂而闻名。

可今年春天我造访了这家闻名已久的菜馆，却发现其用上了电灯，还装了个方形的纸灯罩。

我有些疑惑，忙问店家为何要改换电灯。店家说去年便装上电灯了，因为许多客人总是抱怨蜡烛太暗，实在没有法子才妥协换了电灯。倘若有客人想要像旧时那样，也可为其换上蜡烛。

我本就是为了蜡烛而来，自然唤店家换了烛台。烛台被店家取来时，我瞬间感受到了日本漆器之美，这种美最适合在朦胧的烛火中呈现。

"草鞋屋"的客厅是个四张榻榻米大小的茶室，茶室内的柱子

第一章 孤独是生命的礼物

和天花板都已经被烛火熏得颜色暗淡。因此，就算使用方形灯罩的灯，也会让人感到幽暗，更不用说改用更为暗淡的蜡烛了。

但是，烛光随风摇曳，顺带将室内的漆器抹上了斑斓跳跃的光影。于是，漆器特有的清澈光泽被完美地唤醒。我们的祖先怕是早就注意到了这种美景，才懂得在室内运用烛光与漆器这美妙的组合。

我的朋友沙巴阿罗曾告诉我，现在，印度人大多使用漆器作为用膳器具，而不是像以前那样使用陶器。结果我们却与之相反，无论是茶道还是其他郑重仪式，几乎都是使用陶器，认为陶器典雅精致，漆器则庸俗卑下。

究其原因，大概是亮光让漆器显得过于耀眼了吧。

实际上，若没有"暗"的衬托，漆器的美便会被淹没。虽然现在有了白漆，但自古以来漆器只有黑色、茶色、红色这三种颜色，均是暗色系颜色。不过，这些颜色反倒是漆器的过人之处——假使首饰盒、书柜、座椅全都镀上金子，在阳光下闪烁着刺眼的光芒，那么观赏它的我们非但不会觉得美妙，反而会觉得俗不可耐。

但若是给这些器物的绝大部分涂上暗色，如此一来，待到一缕灯光或烛光在黑暗里照射到它们身上时，世人便会从中感受到

孤独的力量：内心才是一切的答案

无与伦比的凝重。

想必古时的工匠早已在脑海中想象出了这些漆器在暗室中经微弱灯光点缀的效果，因此才会既给漆器抹上大片的暗色，又奢侈地用上了金色。他们肯定也要考虑明与暗在灯光中的表现。

总之，在光亮的场合下，你肯定不可能洞观"描金"这项艺术，必须在幽暗之处趁着微弱的灯光欣赏，方能收获其奢华炫彩的模样。

描金的韵味需要"暗"作为引子，那种熠熠生辉的光泽，需要在烛光摇曳中欣赏。而幽静之所往往会有清风不请自来，为观赏者献上排演已久的舞蹈。

幽室、烛影、漆器，配合得如此完美，恍若一名美貌的女子顺着山间传来的溪水声，演奏出天底下最动人的乐章。

虽说陶器也可作为用膳之具，但是陶器终究没有漆器那样阴翳深沉。陶器上手的感觉重且冷，散热极快，不适合盛放热食，而且会发出恼人的声响。但漆器却有异常轻柔的手感，又适合保温，并且十分安静。所以，我最喜欢捧着漆器饮茶，漆器的重量与温度总让我感觉像是抱着一个柔嫩的婴儿。

我们饮茶喜用漆器不无道理。倘若使用陶器，一旦揭开陶器的盖子，杯中液体便一览无遗。但漆器却不一样，幽暗的杯底让我们捉摸不透茶的颜色，唯有送至嘴边，才能一探端倪。

这种瞬间的愉悦，是何等惬意啊！

人们虽然看不到茶的颜色，但却可以用嘴来感受茶的涌动，用手来感受杯子边缘沁着的水汽。不待茶水入口，这水汽便随风荡漾，将茶叶的清香送至鼻尖。

这种瞬间的愉悦，哪是透明玻璃所盛的汽水可以匹敌的？这才是扣人心弦的神秘，富有禅味的洗礼。

我喜欢听汤碗置于桌子上时发出的细微鸣声，宛若乡间的虫鸣。于此享受食物，会让我有种达到三昧境界的感觉。人说茶博士能从茶水的沸腾声中听到山涧幽风，这便是饮茶的最高境界。我想此时我能理解这是什么样的感觉。

日本的料理以色、香、味、器而闻名于世，我却认为不仅仅局限于这四个方面，日本料理甚至可以引人进入深度冥想。比如在这"草鞋屋"，斑斓的烛光与美妙的漆器便让我浮想联翩。

夏目漱石先生曾在《旅宿》中称赞"羊羹"的颜色。那不就是让人冥想的颜色吗？羊羹总是如梦境般泛着微光，然后透过如玉般朦胧的表层显现。这种表现复杂且富有层次，诸如蛋糕之类的西方点心完全不能与之匹敌。奶油与这种层次感十足的食物相比，会显得多么浅薄、单调。

把羊羹放到果盘漆器里，羊羹的光泽伴着漆器朦胧幽暗的颜色，更会让人遐想无边。人们将润滑如玉的羊羹放入口里，会感觉室内的幽暗伴着羊羹的甜美融化在了舌尖。这样，味道并不浓郁的羊羹，也会因此平白增添异样厚实的感觉。

任何国家的菜肴都会讲究食材与盛器的搭配，特别是日本的料理。若我们在光亮的场所使用雪白的膳具，那么我们便体会不到日本料理真正的神韵。恐怕我们只会像每日早晨喝大酱汤那样，黑乎乎的颜色只会让我们想到发霉的库房。

但我却曾在某次受邀中，从大酱汤中得到了别样的感受。那碗大酱汤即我们平日里随意饮用的黑乎乎的汤汁。但是，在摇曳的烛光下，这碗大酱汤却有了意外的色彩，让我感觉深沉而又唯美。

大阪和京都的名厨使用黑酱油调味，为料理备上黑亮的颜色，恐怕就是为了达到这种在阴翳中引人遐想的美妙效果吧。而若换成白色酱油、豆腐、萝卜泥、山药汁和生鱼片这类亮眼的食物，再置于光线充足的房间，就不会有这种美妙的效果了。

刚刚烧好的白米饭盛在碗里反倒不如藏在黑漆光亮的饭桶里吸引人。黑色的饭桶将白米饭衬托得有如一粒又一粒闪闪发亮的珍珠——这才是日本人最钟爱的美食,才是日本料理中最伟大的瑰宝。

如此想来,暗还真是日本料理中的隐藏艺术,阴翳便是日本料理除色、香、味、器之外的第五要素。

孤独的力量：内心才是一切的答案

蒂巴萨的婚礼

[法国] 加缪

  春天的蒂巴萨洋溢着神灵的气息，苦艾酒的清香送来众神的低语。明媚的阳光倒映在海面上，如同众神银甲上泛起的道道圣光。在湛蓝的天空下，古迹光影斑驳，一派秀丽，仿佛佳人睫毛边的水滴，让人无法忽视。

  植物的芬芳更是浓郁醇厚，在日益升高的温度中蔓延，撩拨着人们的心。在这块美景的深处，扎根着稳健而又厚实的雪诺瓦山。

  我们的目的地是一座毗邻港口的村庄。一路上，阿尔及利亚用她特有的热情包容着我们，为我们呈现出一个金黄而又湛蓝的世界。在这里，充足的阳光让别墅的围墙都无法关住娇艳的玫瑰；花园里的木槿更是泛着淡淡的红晕，在一片金黄中绽放出沁人的笑颜；就连石头都暖烘烘的，仿佛冒着热气的金蛋。

而我们则坐在金黄色的公共汽车上,惬意地听着一旁早市里的摊贩们用喇叭招徕客户的吆喝声。

港口的左侧有一条通往古迹的干燥石径。石径在大片的乳香木与染料木中蔓延,途中会邂逅一座小小的灯塔,然后才会叩开古迹的大门。灯塔脚下恣意地生长着五颜六色的花朵,紫的、黄的、红的聚在一起好不热闹。灯塔的不远处,海浪肆意地亲吻着岩石,毫无顾忌地发出爱的声音。

没走几步,苦艾的气味便妖娆起来。它那灰色的绒毛盖满了整个古迹;又在热气中凝练精华,让无尽的酒气在天地之间徜徉。这种氛围下人们的荷尔蒙会被轻易地点燃,除了想要释放爱欲,亲吻爱人,在阳光与酒香中升腾情感之外,想象不出还有其他的什么事情值得去做。

是的,我们游览古迹可不是想要学到什么知识,也不是想要从中悟到什么人生哲理。我们只是不想孤身一人来到此处享受大自然的馈赠,而是想和我们喜欢的人一起,抛开平日里的压抑与束缚,让笑容毫无顾忌地出现在我们所有人的脸上。

这是一种天与地默许的放纵,既来自大自然,又来自海洋。

这是时节与古迹之间的缠绵,是春天与蒂巴萨古迹的婚礼。在这场婚礼之中,古迹如回头浪子,抹去了人们强加给他的浮华,化作最朴素的石头，沐浴着最自然的阳光。在这一刻，这些历史悠久的石头将文化底蕴交还给上天，抛开历史的厚重，以一种最单纯的存在，在白驹过隙中消逝。

消逝的可不只有石头，同样还有分毫不忘呼吸的我们。我对碾碎苦艾、赏玩古迹这样的小把戏乐此不疲；又喜欢在芬芳的泥土与如梦似醒的虫鸣之中敞开胸怀，极目远眺，向炽烈热情的天空尽情地展示自己。

人生如此，夫复何求！

而不远处的雪诺瓦山则是用坚实的脊梁让我回归平静，达到一种前所未有的安宁。在这种安宁的状态下，我学着吐纳空气，与天地融为一体。

我攀登过一座又一座山丘，每一座都会给我不一样的奖赏。像那边那座山丘，伫立着寺院，可以鸟瞰整个村落，白色的围墙与翠绿的阳台在朝阳与落日中交相辉映；还有东边那座山丘，那里建了座大教堂，教堂还保留着历史的气息，一些刚挖掘出来的石棺懒散地躺在那里。

石棺原是古人长眠之所，如今却长满了鼠尾草和桂竹香。这所教堂就是著名的圣萨尔萨大教堂，从教堂的每个窗口放眼望去，映入眼帘的要么是层峦叠嶂、松柏茂盛的山丘，要么是高达二三十米如猛犬獠牙一般的海浪。

可圣萨尔萨大教堂所在的山丘却非常平坦，如一位关爱世人的老者，默许调皮的海风在其间玩乐。于是，在和煦的阳光下，圣萨尔萨大教堂的空气里都有一种无法言喻的幸福在荡漾。

在这里，哪怕是神灵也会默许人们放下敬畏，他们也不过岁月长河中的老者。万物都在此处享受着前所未有的祥和。

的确，当我贪婪地嗅着乳香木的花球时，大可不必在心中默默地向酒神狄俄尼索斯报以虔诚；而我享有这片人间罕有的美景时，也无须时刻吟唱献给丰收女神德墨忒尔的古老歌谣——"感谢神灵，赋予我们生命，让我们可以享受美景"。

实际上，我在享受美景的时候哪敢忘却教义，不去感恩神灵的庇护？只不过是因为这美景恍若德墨忒尔在厄硫西斯展现的神迹一般让我震撼到说不出话来罢了。享受美景时，任何语言都是苍白的。其实，我根本不用浪费力气去思考，反倒应该挣脱身上的所有束缚。

此时此刻，任何话语都是苍白的，其实我早已无力思考，只想剥去身上的所有束缚，混着天地间萦绕的香气，一头扎进湛蓝的大海里，让身心得到前所未有的升华。而大海早就在期盼我的到来，待我进入水中，冷彻的海水便钻入我的耳朵里、鼻孔里、嘴巴里，四面八方地把我包裹起来。而我却欢快地在水中用双臂拓展疆土，用双腿征服波涛。

那一刻，天地由我主宰。

游了许久，我终于还是回到岸上，将自己砸在细细的沙滩上，任由阳光吸吮我身上的汗珠，只留下金黄色的汗毛与小小的盐粒儿。

此刻我才终于明白：徜徉天地之间才是最值得炫耀的爱情——刚才我跃入水中的那一刻，与拥着女人的感觉异曲同工。而当我贪婪地嗅着苦艾清香的时候，我应该摒弃其他杂念，只去触碰毕生所追求的真理。从某种意义上讲，我在这里是在与天地结缘。天地送来了石块上炽热的气息，又送来了和煦的微风与湛蓝的天空，更是毫不吝啬地奉上了大海的呼啸与悦耳的蝉鸣。

我深爱这天地给予的恩物，并且会向友人炫耀，因为这才是我最珍贵的爱情。即使有人可能要对我说："世间万物都没有什么值得炫耀的。"我也会坚定地告诉这个人："你错了，是有的！"阳光、海洋，天地间的万物都在等待我生机勃勃的脉动与活力无限的身躯。它们期盼我早点来结缘，而我能做的，就是耐心去探索，去发现这来自天地的眷恋。

我们在正午之前离开了古迹，在港口附近的一家咖啡馆稍作休息。咖啡馆外阳光与鲜花合奏起欢迎的乐章，而我则是安静地

第一章 孤独是生命的礼物

坐在咖啡馆里,不放过任何一个美好的瞬间。此刻,我们虽然脸上满是汗水,但身心却极为愉悦,极力回味着与天地结缘一整天的点点滴滴。

咖啡馆的吃食勉勉强强,水果却是美味异常。尤其是桃子,稍稍咬下一口,甜美的汁液便淌了出来,顺着嘴角一直流到耳根。

我对这种放肆惊诧不已,难道这只普通的桃子,都要向世人展现它的骄傲,宣告它受到了天地的恩宠?与这只桃子相比,我们虽生而为人都要自叹不如。因为总有些人害怕享乐,他们认为流露情感是魔鬼撒旦才会做的恶行。这些人总是苦口婆心地说:"享乐是人生中最大的原罪!"

可是这些人却不明白,天地万物希冀我们放纵,那是一种来自生命的肆意。在蒂巴萨,我正是见证了这一点,嘴边的这只桃子恰恰就是强有力的佐证。它让我如痴如醉,也让我见识到了生命的魅力,更让我享受到了自然的活力。我应该像它一样,向世人展示天地赐予我的恩宠,肆意挥霍天地赋予我的骄傲。

我在蒂巴萨逗留的时间一般都不会超过一天。因为再美好的风景都有看腻的时候,一次享尽属于竭泽而渔,而且山峦、天空、大海,会随着人的心境与状态而产生变化。不同时间、不同心情去欣赏,都会有不同的收获。人们常常抱怨这世界一成不变,没有新意，实际上应该从自身找原因，问问自己，一切变得乏味是不是因为自己从未有任何改变。

临近傍晚，我又来到公路旁边的一座花园，那里的植物错落有致，一派经过精心打理的模样。入夜后，凉爽的空气让我从弥漫的香气与璀璨的阳光中清醒，在安宁中慢慢平复躁动的心情。

我找了条长凳坐下。在我的上方，一株石榴悄悄垂下花蕾，饱满的骨朵儿像新生婴儿攥着的拳头。我想拳头里攥着的应该是来自春天的希望吧。在我的身后，迷迭香用醇厚的气味彰显自己的存在。再远一些，此起彼伏的山丘在树丛里跟我捉起了迷藏，它们一直绵延到天海交界之处，仿佛港口上那些休憩的帆船。

此情此景中我达到了前所未有的境界，这是一种忘我的境界。就好像入了戏的演员，已经抛弃本身的皮囊，把精神安放在自己所要饰演的角色身上，这样既使表演入木三分，又让自己与角色合二为一。这种境界非常美妙，是一种只可意会不可言传的境界。此时，即便我们孤身一人，也是在享受无与伦比的满足。

不一会儿，大地就在夜幕中屏住了呼吸，树旁的小鸟也压低了叫声，仿佛在提醒蒂巴萨的神灵安寝入眠。不过，不用担心，白天的神灵入眠后自有夜晚的神灵接替，他们同样拥有掌管天地的力量。

第一章 孤独是生命的礼物

而眼下,日与夜交接之时,澎湃的波浪乘着金色的花粉将大海、原野、天空中所有的精华凝聚成果子送到我的面前。我当然忍受不住这份沁人心脾的味道,等回过神来早已一口吞下这只人间至美的果子。

刹那间,幸福感狠狠砸穿了我的胸口。

我并不想独自享受这份幸福,反而想要骄傲地与世人分享。要知道,这份幸福是来自天地的恩宠,所有人都应享有。

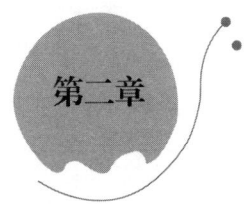

第二章

缄默的人,只是在等待属于他的时代

藏在你的孤独里,让时间为你证明一切。

论沉默

[比利时] 梅特林克

苏格兰哲学家托马斯·卡莱尔曾这样评价沉默:"人们应该把沉默作为照亮成功之路的祭坛。凡成大事者无不在沉默中酝酿,就好像法国中世纪的伟大英雄,来自奥朗日的纪尧姆那样,在合适的时机下一鸣惊人,最终在旁人羡慕的目光中享受成功的美果。

"就算是那些缺乏社交手段、眼光也不长远的人也会选择克制自己,只要他们想要取得成功,也一定会选择多做事少说话。

"所以,那些总是觉得自己碌碌无为的人啊,如果你们想改变自己的这种状态,那么就请你们让舌头休息一天吧,这样只需要二十四个小时,你就能弄清自己的目标与计划。当你不受外界打扰的时候,还有什么能让你远离自己的目标呢?

"实际上,并不是什么情况下的言语都可以称作沟通的艺术,在某种情况下它甚至会成为污染思想的秽物,人们对于交流的需

第二章 缄默的人，只是在等待属于他的时代

求也不像大家想象的那样强烈。

"因此，才会有那样一句老话——雄辩是银，沉默是金。

"蜜蜂尚可在黑暗中工作，我们的思维更是可以在沉默中荡漾。"

更重要的是，言语不一定会在人与人的交流中起到正确的沟通作用。用唇舌表达我们心中所想，就好比在汉斯·梅姆林的画上刻上坐标轴——汉斯·梅姆林的画以丰富的细节著称，但即使用上最精密的刻度也会有所遗漏。

所以，我们在滔滔不绝的时候应该适时地选择闭嘴。如果我们在交流中总采取咄咄逼人的态度，那么我们就触犯了傲慢这项原罪。因为我们在交流中封闭了自我，只会向别人诉说，而不会去聆听他人，从而放弃了自己与他人交流的机会，同时也放弃了让自己的灵魂拥抱世界的机会。这恐怕是生而为人最大的遗憾了。

可我们总是喜欢诉说，仿佛通过诉说才能打开我们与他人交流的大门。然而，只有冒失的人才会不分时机地滔滔不绝。无数事实告诉我们，言多必失。我们在面对不喜之人时，沉默当然好于谩骂。

所以才有人说：**"无声的沟通反而振聋发聩。"** 当我们在与人的交流中主动选择沉默的时候，那就意味着我们有机会去聆听他人灵魂深处的呐喊，从而更加深刻地了解这个人。而当两个人都选择主动沉默，并且在这种沉默中度过了一段时间之后，二人非

但不会因为沉默而疏远，反倒会收获不被言语所迷惑的纯正情谊。

当然，有主动沉默必然也就有被动沉默。被动沉默是指人们沉睡、死亡或其他类似情况下的沉默。不过这种沉默也具有言语无法企及的力量，因为**被动沉默在某种意外情况下被唤醒后会立刻转换成主动沉默**。此时，两个天地间游荡的灵魂必将因为二人的主动沉默发生激烈的碰撞。

但沉默却是把双刃剑，很多人明明懂得沉默的力量，却因怀有深深的恐惧而选择逃离沉默。只在没有其他选择的情况下，这些人才会不情愿地选择忍受沉默。

这些人害怕被他人看透内心，看透坚硬外壳下脆弱的自己。于是，他们穷尽一生去寻找沉默触及不到之处。他们与人相交，不管相交是否有益，只要不让自己处于沉默状态即可。殊不知，纵然人声鼎沸也会有片刻的安静。沉默会潜入人群，出现在任何一人的身上。那些畏惧沉默的人，终究还是无法逃离。

终将有那么一天，**畏惧沉默的人不再逃离。他们选择在人群中迎接沉默，似乎人群才能让自己放下对沉默的畏惧。**

此时，那些原本畏惧沉默的人身上也有了变化。他们终于想起了自己应对沉默的本能。不需要什么人告诉他们该怎么做，他们就已心知肚明。

第二章 缄默的人,只是在等待属于他的时代

让我们彻底放开自己,拥抱沉默吧。既然不论我们躲藏到哪里,沉默都会找到我们,并且我们也知道该怎么应对沉默,不如就让我们勇敢一点,坦然接受沉默,坦然接受沉默带给我们的一切吧……

查拉图斯特拉如是说（节选）

[德国]尼采

兄弟，尽管藏在孤独背后吧。

这样你才能逃离神衹的玩弄与魔鬼的诱惑……

而且孤独并不意味着你独自一人，山川与森林会用庄严与肃穆来守候你。还有时刻向你伸出双手，期待用拥抱来温暖你的大树，她总是会在大海的另一头等着你，绝不离去。

并且放心吧兄弟，**孤独并不可怕，它是万物的开始，亦是万物的终结**。只有中间过程才是喧闹的、叫嚣的。

你知道的兄弟，这世上即便是趋于完美的事物，如果没有人去发现它的价值，也会被埋没。正因为如此，人们才会更加重视那些发现事物价值的人，尊称他们为先知。

深井总是会等待很久才能知道什么会坠到自己怀里，什么会黏在井壁。真理也是这样，一切事物只有经过深井，认知才会证

第二章 缄默的人，只是在等待属于他的时代

明自己的价值。

兄弟，藏起来吧！藏到孤独背后！藏到独属自己的世外桃源吧！

因为我知道你的生活是琐碎疲乏的，身边总是会有小人。那些小人总是想着欺负你、侵犯你。

别想着去反抗他们，这些小人多得像恒河里的沙子，又恍若酸雨和白蚁，即使是高大的楼房也会被他们所侵蚀。

而你的血肉之躯比之构造楼房的钢铁与石头更加不堪。你可能早已臣服于那些酸雨和白蚁。

我能看出你已经被小人们折磨得遍体鳞伤，可高傲让你不屑与小人计较。

可小人们却因此变得更加肆无忌惮，他们毫无顾忌地吸吮你的血液，把这作为滋养自己的养分。

即使你疼了、痛了，挥手赶他们走了，可只要你稍有不慎，那些吸血鬼般的小人又会如蛆附骨。

我知道你的不屑，不会与小人们计较。可是你得当心，因为你的无动于衷会让小人们愈发恶毒。

你以为他们甜言蜜语，其实他们是口蜜腹剑。他们嘴上越甜，心里就越狠，只想将你蚕食进肚里。

他们对你阿谀奉承，虔诚地像侍奉上帝。他们甚至会在你面

前涕零，就好像在上帝面前忏悔。可兄弟，别被他们骗了，这只是他们作为怯懦者的手段。

是的，小人们总是用狭隘的心思去揣度你。他们认为人与人的交往总有某种目的。不过他们考虑的只有自己的目的。他们擅长道德绑架，不过站在道德高地上的永远只有他们自己。

也许你的善良与正直会让你这么想：因满足生存的目的而卑贱可以原谅。

可那些狭隘的小人却认为：唯有卑贱才能满足他们生存的目的。

所以你的善良在小人眼中成了软弱。他们反而会愈发欺负你、折磨你。

小人们更是以挑战你的底线为乐。可当你真的因为触碰底线火冒三丈时，他们又会说你太过较真。是的，当小人们意识到你真的会发动雷霆一击的时候，他们反而会偃旗息鼓。

可那些小人们始终是酸雨和白蚁，无时无刻不在等着侵蚀你！

所以兄弟，藏起来吧！藏到孤独背后！藏到独属自己的世外桃源！

因为你的生活不是与那些酸雨和白蚁周旋！

——查拉图斯特拉如是说。

第二章 缄默的人，只是在等待属于他的时代

与猫倾谈

[英国] 西莱尔·贝洛克

前些天我在火车站旁的一家酒吧里小憩，陪我的是一杯啤酒和一张小桌。我觉得自己形单影只，有些悲惨，便宽慰自己万物皆有此刻。但这种想法转瞬即逝，因其不能解决根本问题，人心始终需要其他东西滋润。

然而，在我苦苦思索有什么别致的词语可以代替"东西"这两个字的时候，一只毛茸茸的咖啡色长毛猫闯进了我的眼帘。

有人说，每个国家都有让人们自豪的猫咪。这话放在英国极为合适，英国猫简直是天底下最温顺的动物。而上天让我邂逅的这只英国猫，似乎在温顺之余又有些聪明。它也不怕人，只是轻轻用力，便扎进了我的怀里，寻了一个舒服的姿势安顿下来，并时不时用可爱的右前爪稍稍碰了碰我的胳膊——我估摸着这就是它打招呼的方式。

孤独的力量： 内心才是一切的答案

可即便它不向我示好，我的心也早已被它融化了，因为这个小家伙的眸子就像宝石一样光彩夺目，充满了乖巧和友爱。

于是，我赶紧对小家伙儿的亲近作了回应，甚至在抚摸它的时候便为它取了"阿玛西亚"这个名字。虽然我刚开始还有些拘谨，如同刚上班的侍者侍奉陌生的客人，但我很快便放开了束缚，因为我欣喜于自己终于有了个朋友。

是的，它就在这里，西南99路地铁的终点站。思及此处，我忍不住对小家伙说："美丽的阿玛西亚，你为什么偏偏在茫茫人海中挑中了我呢，是你看到我对世间万物的友善，还是你在同情我这个可怜的孤独之人？我不知道你为什么这样做。但我真是个蠢人，居然不敢接受这天降的福祉。"

阿玛西亚打了个响鼻，似乎在回应我庸人自扰的问题。但我知道它没有恼我，因为它宝石般的眸子里都是欣喜，显然，对于这次邂逅，它十分满意。

我得赶紧回应阿玛西亚，即使它只是打了一个响鼻："阿玛西亚，我可真是荣幸，在遇到你之前，我甚至都不知道这世上会有如此动人的生命，你是如此完美，愿意为我这粗鄙之人献上友谊，并且向我示好，带我领略世间的美好。你不用跟我交谈，因为交谈是一切分歧的根源，无言才是最意味深长的友爱。"

第二章 缄默的人，只是在等待属于他的时代

阿玛西亚似乎听懂了我的话语，用脑袋蹭了蹭我的臂弯，换了另外一个舒服的姿势。

我继续说道："美丽的阿玛西亚，虽然你已经听够了赞美，并且在未来这些赞美依然会围绕着你，但我的赞美比其他人更加情真意切，因为世间没有一个人能像我这样了解猫的美丽就在于它美丽的眼睛，漂亮的绒毛，甚至还有它弄虚作假的情谊。"

似乎"假"字惊扰了阿玛西亚，小家伙儿霎时间抬起头，睁大眼睛看着我，然后又用肉嘟嘟的右前爪虚空抓了两下，仿佛在用这种方式让我安静下来。

我却越说越悲切："阿玛西亚，你是多么幸福。你不用像我一样面对生死离别，你自得其乐，看淡一切。这种豁达与潇洒让我愈发欢喜你。假如我们人类可以在未来的某一天像你们这样游戏人间，不用顾虑未来会如何，也不用追思那些早已逝去无法挽回的一切，那我们该多么幸福啊。

"我还得感谢你，阿玛西亚，我的天使，原谅我这样唐突地称呼你，因为你让我想起了自己的青葱岁月，想起了我那段最为光彩夺目的岁月。阿玛西亚，你知道的，每个人一生都会有这么一段光彩岁月，彼时肉体正值巅峰，睡眠规律且持久，快意恩仇随心所欲，生命里的希望毫不吝啬其温暖的怀抱，我在其中乐享，

就好像你在我怀里这样。

"阿玛西亚，原来我们也曾安静祥和，只是我们并不像你这样保持不变。我们的安宁稍纵即逝，生活的枷锁让我们窒息，更不用说生死相别。

"阿玛西亚，伦敦有七百万人口，你却选择了我。既然你向我示好，那我能不能与你分享一些秘密？你知道的，狗只会听从人的指示，猫却是人的主子，所以我请求你给予我些许施舍，让我可以向你畅所欲言。"

阿玛西亚慢慢站了起来，我能看到它打了个哈欠，它应该是累了，但仍笑眯眯地看着我，在我扔在一边的上衣上躺下，尾巴摇来摇去，下巴却微微抬起，像个专心听课的学生，等着我继续诉说。

我本确信自己在虚空寥落的尘世中找到了天长地久的爱，并以此作为自己最大的慰藉。常年的琐事早已让我改变了对生命的看法，开始以一种欣赏的心态去审视万物。我相信万物之间有纯粹的爱，这是天神的福祉。即使恶魔撒旦想要染指，也会被爱本身强大的力量所阻止。

念及此处，我缓缓说道："阿玛西亚，你不要离开我，我们坐在这里即是世间最美好的事情，也不用顾及时间的流逝。阿玛西

第二章 缄默的人，只是在等待属于他的时代

亚，你是我的，同时我也是你的，我们水乳交融，分离不了。**有你，我便敢抗衡整个世界，因为你就是我的世界。**"

这时，阿玛西亚又站了起来，抖了抖身子，然后四爪一蹬，跳到了地上。它的动作雍容典雅，美若草浪，却不回头看我，慢慢离我而去。

我觉得它心中另有打算。果不其然，这只风度翩翩的小家伙儿快要走到门口的时候，酒吧里一个令人讨厌的小矮子轻佻地冲它嚷道："小猫儿，过来。"小矮子嘴上喊着，手里也不闲着，居然过去骚扰阿玛西亚的后颈。阿玛西亚抬头注视着他，像刚才同我示好那样蹭了蹭小矮子的裤脚，算是传达了世间永恒的友好。

人的灵魂

[爱尔兰] 叶芝

当我们与别人争论时,或许会为后人留下经典的辩论;而当我们与自己争论时,却可能为后人留下最美的诗篇。

不是每个人都能胜任辩论。辩论需要充满信心地演讲,用气势来争取别人支持自己的观点,但我们中的大部分人总是迟疑不定。

举一个简单的例子,假使某人独自演奏美妙的乐章,没有任何外人的干扰,这个人也会因为没有支持者而让乐曲变得颤颤巍巍。

我还有一种看法:不管一个诗人是过着纷扰的生活还是安定的生活,只要他心向艺术,就不会把享乐作为自己的生活目标。

我年轻时的挚友约翰逊与道森便是不在乎生活品质之人,他们一个是酒鬼,一个是酒鬼加色鬼,然而,这两个人却比任何虚假精致的人更加理解生活的真谛,懂得梦醒之人该有的严肃态度。

他们两个人对于艺术都怀着无与伦比的虔诚,反倒是对生活

第二章 缄默的人，只是在等待属于他的时代

没有过多的要求。结果，他们俩变成了我所读到过、听到过、遇到过的所有诗人中最多愁善感的两个人。

这两个人用自身证明了一个道理：**只有那些不在生活中迷失的人，那些不以现实中的激情为目标的人，才能收获另一个自我**，才能成为情感丰富的感伤主义者。

感伤主义者都是些讲求实际的人，他们只有听到金钱掉落在钱袋里的声音，抑或是婚姻缔结时的礼乐声时才会感到快乐。他们的幸福观就是不管是工作还是生活，都要让自己无比充实，让眼下成为自己的一切，没有任何精力去空想未来，而他们则在这充实的生活中寻得属于自己的快乐。

至于诗人需要的顿悟、幻想、象征等技巧，前辈们早已为我们准备好了可以有万千变化的招数——换位思考。

一位老前辈曾写信告知我，他曾在纽约的某个码头邂逅了一个女人，他们相遇时女人正在给怀中生病的孩子喂奶。于是，老前辈便以孩子为话题与女人攀谈起来。不曾想这个女人居然给了他一个意想不到的故事，故事很长且非常悲惨，涉及女人其他几个已经死了的孩子。

老前辈说他想为女人画一幅画，说自己如果不去把自己想象成那个女人，就不可能相信世间还会发生如此惨事。

我们不能靠遏制自己本性中的怀疑来建立虚伪的价值观，因为价值观是人类智慧的集大成者，是上帝恩赐给人类的唯一礼物。所以我们必须真实地建立自己的价值观，不该去否认世间的丑恶，不该去相信虚假的美丽。

只有当我们的价值观可以接纳痛苦的时候，我们才有可能创作出最接近完美的美。因为那时我们不是在回避残缺与丑恶，而是把它们作为美的一部分呈现。

而到了那一刻，我们才会得到飘忽不定的、无法捉摸的、行动迅速的灵魂的赏赐。如果我们没有捕捉到灵魂，没有把它作为我们身体的一部分，那么，我们与这天地万物便失去了联系。

然而，灵魂与我们的关系却好像冰与火，又好像孤寂与喧闹。在一切不可捉摸的未知事物里，灵魂最为难得，也最为可贵，因为其他事物不可能像灵魂那样陪我们直到永远。

灵魂就像谚语所说的那样："挥之不来，招之不去。"它不会主动靠近我们，也不会主动远离我们，只有当我们一无所有时，它才会露出身影，告诉我们就算海枯石烂，它也会与我们厮守终生。

情绪总是起伏不定的人最容易感受到灵魂，并且会因灵魂而感伤。当生活把灵魂逼至我们面前的时候，我们可能才会发现，肉欲的满足不过是一种假象，权力与庙堂也不过是一种假象，一

第二章 缄默的人，只是在等待属于他的时代

切的感官体验不过是我们为自己准备好的自圆其说。

那时，所有人的价值观会面临最为严峻的考验，因为他们可能会怀疑一切，怀疑自己所确信的、坚守的那些到底值不值得。

但诗人不一样，因为他们早已熟悉了灵魂，习惯与自己的灵魂一起探索生活，一起探讨人生。

灵魂早已将他们救赎。

论波德莱尔的几个母题（节选）

[德国]瓦尔特·本雅明

波德莱尔认为，我们可以像埃德加·爱伦·坡那样把游荡在伦敦夜幕下的孤独之人视作游荡者。这一点其实值得商榷，因为那些孤独之人绝不可能是游荡者。

对于这些孤独之人来说，沉静是他们最需要的行为，其渴求程度高于狂暴。

但是，波德莱尔为了论证自己的观点，做了如下的论证：**如果孤独之人失去了自己熟悉的环境，那么他就不得不成为一个游荡者**，就算伦敦可以给孤独之人新的生存环境，但是这环境也不是孤独之人真正想要的生活环境。

其实，相对来说，波德莱尔居住的巴黎倒是为游荡者保留了一些含有往日回忆的甜美特征。比如，时至今日，巴黎的大桥下仍有渡船像旧时那样在塞纳河上摆渡。就算是在波德莱尔去世那

第二章 缄默的人，只是在等待属于他的时代

年，在富人们出行热衷于乘坐舒适的轿式马车、游荡者们需要躲在拱廊当中才不会暴露在行人眼中的年代，这些渡船仍然非常受欢迎。

那时的行人总是在道路上摩肩接踵，而一些渴望闲暇的人却想要一个可以容身之地。只要有了这样的地方，无论社会如何躁动，这些闲暇者们也会拥有自己喜欢的闲暇生活。从某方面来说，这些闲暇者们希望大人物尽管去忙自己的事情吧，只要他们不理会自己那悠然的游荡即可。只是，如果闲暇者有了这种心态，那么他们就会从闲暇者变成游荡者。

1848年3月前的伦敦可能只有游荡者，而在波德莱尔时代的巴黎，游荡者却与闲暇者共存。

至于闲暇者究竟在看些什么，德国作家霍夫曼在其最后一部短篇小说《堂兄弟的屋隅之窗》里有非常生动的描写。霍夫曼的这部小说比爱伦·坡的《人群中的人》早十五年，或许，可视作最早一批试图描绘市井百态的小说。

我们应该注意到这两部作品的不同之处：爱伦·坡的小说视角来自咖啡馆的窗户，而霍夫曼的小说视角则是来自堂兄弟家中的窗户。因此，爱伦·坡的小说总是在描绘引人入胜的场景，然后营造一种可以把人裹住送到大众面前的氛围；而霍夫

孤独的力量：内心才是一切的答案

曼的小说则是像个瘫痪病人一般，即使送到人群当中也不会随他们远去，所以霍夫曼的小说总有一种居高临下的感觉。这也很好理解，毕竟，霍夫曼的这部小说描绘了从高处的窗子向外观察到的世界。

实际上，霍夫曼也承认，自己喜欢站在高处，这样他便可以更加仔细地审视人群。因此，读他的小说就好像透过望远镜看风景，我们在其中总能发现几处具有霍夫曼个人风格的独特画面。

霍夫曼认为，望远镜的使用窍门在于使用者如何安排，这是一种有关视角的艺术技巧，仿佛某种追逐热闹的捕捉游戏——只有视野跟得上霍夫曼，才能领略其小说的美妙之处。

不过，霍夫曼居住的柏林显然没能让他彻底发挥望远镜的特点，如果霍夫曼搬到巴黎或伦敦，如果他能一直致力于描绘市井百相，那么他就不会像被女人牵着鼻子走那样描绘景色了，他的成功也许会更加彻底。他也许会像爱伦·坡那样在路边的煤气灯下获得灵感，从蜂拥的人群中获取创作的源泉。

另一位德国作家海因里希·海涅在这一点上要胜于霍夫曼。

海涅善于怀着丰富的思想观察市井。1838年，某位采访过海涅的记者曾在一封信中这样写道："有一次，我与海涅沿着林荫道

第二章 缄默的人,只是在等待属于他的时代

散步,林荫道的宏伟与它所包含的生机让我仰慕不已。然而,这一切却让海涅产生了恐惧,仿佛这春天的景象给他带来了极大的苦恼。"

双重的生活

[德国] 叔本华

诸多显而易见的事实早已向我们证明了这么一个真理:我们通过自身所收获的幸福要远超任何外界存在给予我们的幸福。换句话说,就是利用我们自己的个性、才能,或是其他独属于我们自身的东西交换得来的快乐,才符合我们心中幸福的标准。因为个性也好,才能也罢,都会永远伴随着我们,无论我们经历什么,这些东西都会对我们不离不弃。

由于人们的个性、才能等方面有所差异,因而对"幸福"的感受不同。如果一个人自身的个性顽劣,才能有限,又爱好匮乏,那么所有的幸福都会离他而去。

归根结底,一个人自身的个性与价值决定了他的幸福程度。其他的外在因素只能发挥些许影响,却起不到决定性的作用。

另外,不管人们有意识还是无意识地感受物质世界的时

第二章 缄默的人，只是在等待属于他的时代

候，他自身所拥有的个性、能力就开始一丝不苟地发挥能效。这种能效是永恒的、持久的，并不像外界影响下的能效那样短暂、随机。针对于此，亚里士多德总结出了一句箴言："金钱不是我们的依靠，本性才是。"亚里士多德是对的，因为我们的本性能够让我们咬紧牙关承受痛苦，同样本性也会给我们带来痛苦。反之亦然，我们的本性会让我们感受幸福，同样本性也会为我们带来幸福。因此，诸如健康的体魄，强大的心灵等独属于人们自身的美好，决定了人们幸福的程度。所以我们应该在这些方面倾注心力，而不是一味地追求财产、荣誉等身外之物。

在那些独属于每个人的美好属性之中，精神开朗最能帮助我们收获幸福。因为精神开朗的状态给予每个人的幸福感最为及时。而且精神开朗的人总是幸福的，因为开朗的精神能让他对抗一切压力。

其实我们在现实生活中判断一个人是否幸福，第一角度就是观察他的精神状况。不管他年轻还是衰老，强壮还是虚弱，只要他的精神强大，保持开朗的状态，那么我们就会判定他是幸福的。

关于这一点，有一本书是这么写的："笑者常幸，哭者难行。"由此看来，此书诚不欺吾。

诚然，如果我们无时无刻不在接纳愉悦的精神，让我们的精神保持开朗，那么我们必将无时无刻不处于幸福之中。可是我们却在很多时候选择了将愉悦的精神拒之门外。我们总是考虑太多，不愿接受没来由的愉悦与欣喜；我们总是小心翼翼，生怕不在计划内的愉悦与欣喜让我们乐极生悲；我们还总是用各种标准去衡量愉悦的精神，害怕在接受它的同时需要付出相应的代价。然而我们过虑了，愉悦的精神就像是已经插在门上的钥匙，我们要做的仅仅是打开那扇大门，迎接门后的幸福。

对于我们每个人来说，愉悦的精神都是一种转瞬即逝的恩赐，因为它既不存在于过去，也不存在于将来，只有此时此刻，它才会向我们展开怀抱。因此我们应该把追求精神愉悦放在首位，尽我们所能去抓住它，而不是放任它与我们擦肩而过。

保持精神愉悦的方法有很多。其中健康的身体对精神愉悦的影响最大，最小的则是金钱等其他物质财富。这一点其实也很好理解，让我们把目光转至乡村：那些在田间劳动的人们，常常会露出欣喜与满足的神情，即使他们生活清苦；而那些守着财富的地主却总是寝食难安。

综上，为了收获幸福，我们应该保持精神愉悦，为了精神愉

第二章 缄默的人,只是在等待属于他的时代

悦我们则应该保持身体健康,而保持身体健康的唯一手段便是拒绝任性妄为的生活习惯,起伏不定的情绪,以及长时间的精神紧绷。我们应该更加自律才行,应该克制欲望,节制饮食,勤加运动。这样我们才能遵循生命规律,保持健康的身体。

在一切的自律行为当中,运动是重中之重。亚里士多德有句话说得好:"生命在于运动。"是的,世间万物都在运动,每一分每一秒都在运动。运动让生物的细胞保持活力,让我们的心脏更加强劲地跳动;而心脏的每次跳动,又加快了我们身体里的血液循环;还有像永动机一样不知停息的肺,永远在蠕动的肠胃……外在的运动与我们身体内器官的运动会在我们的大脑里形成某种微妙的和谐,并且这种和谐会让我们产生愉悦。但是如果这种和谐被打破,比如某种情绪让我们内在器官的运动沸腾起来,而我们的身体却没有随之运动,那么我们便会感受到不适,因为这时我们需要用压抑情绪来维持和谐,而压抑毕竟不是什么让人开心的举措。

倘若我们对照一下自己患病期间与身体健康时的心情,我们便可以清楚地发现,让我们感到苦恼焦虑的,并不是其他什么客观存在的事物,而是我们患病期间糟糕的感官体验。事实上,我们的幸福很大程度上取决于我们是否健康,只要我们身体健康,

我们便会拥有无尽的快乐；而我们失去健康时，不管外在给予我们什么，都会因为失去了健康而黯然失色。

正是因为这样，人们才会在寒暄时询问对方的健康状况，并且予以永葆健康的祝愿，毕竟健康对于一个人的幸福太重要了。只有傻子、蠢蛋、白痴才会为了诸如金钱、权势、名誉、肉欲等片刻的欢愉而牺牲自己的健康。

不过话又说回来了，虽然健康能极大地保障我们精神愉悦，但是愉悦的精神却并不是完全由健康所决定的。因为健康的人也会产生一时的阴郁或沮丧。这一点该怎么理解呢？最根本的原因在于人们最原始、最不可改变的机体构成，譬如肌肉触感、兴奋程度、新陈代谢等等。人们的机体构成总有差异，也就造成了感官能力的强弱之分。

那些感官能力强的人会比常人更容易失去幸福，也更容易收获幸福。亚里士多德便坚信这一点，于此基础上提出了"天才总是忧郁的"的说法。而莎士比亚则是在其著作《威尼斯商人》中用更加细腻的笔法对此进行了描述：

人有百面，面面不同：
有些人天生笑面，

第二章　缄默的人，只是在等待属于他的时代

就好像看到美味虫子的鹦鹉；

有些人却天生铁面，

即使听到天底下最好笑的笑话。

命运折磨他，是为了配得上他（节选）

［奥地利］茨威格

我研究陀思妥耶夫斯基的时候，下意识的反应是惊恐，接下来才是慨叹。若是草草总结，陀思妥耶夫斯基的一生艰辛而又可悲。他那如耕田老农般的脸上写满了坎坷。

的确，陀思妥耶夫斯基短短六十年的人生一直与病痛做斗争。癫痫像一把抹刀将他人生中本该甜蜜的日子全部抹去，身体的苦楚让他全身的肌肉都在呻吟；穷困像一把锥子刺进他的脊髓，灼烧着他身上最脆弱的细胞。这就是陀思妥耶夫斯基的宿命，他无处躲避这些痛苦与折磨。

命运总是残忍地对待陀思妥耶夫斯基，似乎没有任何方法可以平息它对陀思妥耶夫斯基的滔天怒火。可话又说回来，人们之所以把命运比作锤炼自我的铁锤，不就是因为命运可以将一个人锻造成不朽的英雄吗？

第二章 缄默的人，只是在等待属于他的时代

并且，命运还是个吝啬鬼，强弱与它的主人本身的抗压能力息息相关，不会多出一点力气。**主人弱小，其命运就弱小；主人强大，其命运也随之强大。**

陀思妥耶夫斯基就是强大之人，所以，他的命运与19世纪的其他所有人都不相同，没有谁的人生道路像他这样崎岖。或许，某个怀有恶趣味的命运之神就是想要在陀思妥耶夫斯基身上做些尝试，看看何处才是人类忍耐力的极限。

陀思妥耶夫斯基的命运不像普通人，也不符合当今时代。他就好像《圣经·旧约》中的雅各，敢于和天使摔跤，敢于和上帝争斗；又好像《圣经·旧约》中的约伯，不惧怕神的责备，敢于向神抱怨世间不平之事。

陀思妥耶夫斯基的命运从没有过一帆风顺的时候——哪怕只是片刻，他也未曾拥有。并且，他总感觉时刻都有位拿着鞭子的神祇在驱使他，让他不能有些许的怠慢，每一分每一秒都不能休息。

有时，其他的命运之神可能会稍稍怜悯陀思妥耶夫斯基，为他敞开通往正常人生之路的大门。但是那位拿着鞭子的神祇会迅速拉住陀思妥耶夫斯基，把他推倒在满是刺的荆棘丛中，然后点燃易着火的灌木。

这位神祇还有个恶趣味，他喜欢把陀思妥耶夫斯基推至高处，

然后再让他跌入深渊，以他的苦楚与绝望作为自己的消遣。就好像约伯那样，上帝在他生活惬意之时兴风作浪，夺取他的妻儿，让他家破人亡，又让他身患顽疾，被人排斥。

上帝这么做的目的是想让约伯奋起反抗，在抗争中寻找希望，收获幸福。上帝其实是怜悯的，他本可不必将自己的时间浪费在这个普通人身上，但上帝却这样做了，他在用自己的神力向世人展示：**我们的世界里既有美妙的欢乐，也有极端的痛苦。**

不过，陀思妥耶夫斯基似乎对一切都是迟钝的，他虽然感觉到了那位拿着鞭子的神祇，但却毫不在意，也不抱怨，也不握紧拳头奋起反抗，任由被病痛折磨的身体因为疼痛而抽搐、痉挛。有时候，在他的作品里会偶尔迸发出炽烈的呐喊，恍若压制不住的热血，但是他的精神、他的信念还是会安抚这些不甘。因为陀思妥耶夫斯基知道那位神祇的力量，也知道那位神祇为何玩弄自己的命运——

一切都是为了让自己在苦难中滋生爱的火苗，借着他的作品，点燃他的世界，灼烧整个时代。

陀思妥耶夫斯基曾三次站在人生的至高之处，同时也三次狠狠地跌落深渊。他早已享受过名曰荣誉的甜美果实，比如他的处女作——那部作品便让他走向了人生的巅峰。但是，命运的利爪

第二章 缄默的人，只是在等待属于他的时代

很快就掐住了他的脖子，将他狠狠地扔回浑浑噩噩的状态之中。

好在，命运没有终结陀思妥耶夫斯基的生命，只是把他流放到了寒冷的西伯利亚。西伯利亚的冷风没有吹熄陀思妥耶夫斯基心中的热火，反而让这团火变得更加倔强、更加旺盛。于是，陀思妥耶夫斯基在西伯利亚写出了纪实小说《死屋手记》——这是一部让整个俄国都为之倾倒的小说，就连沙皇都为此书流下过眼泪，更不要说其他青年拥趸会有什么样的痴心举动了。

之后，陀思妥耶夫斯基创办了杂志，这样他的声音便可传到整个俄国。他创作了一系列长篇小说，部部都在扩大他的声誉。但命运不会让他活得如此轻松，他的现实生活连遭打击，其妻子和兄长相继去世，他们没有给陀思妥耶夫斯基留下什么遗产，只给他留下了需要照顾的家人。陀思妥耶夫斯基很快便为此而濒临破产，他为了躲债而逃离家乡，像一个没有家的游牧民一般在欧洲各地漂荡。

但是，在俄国人就要遗忘他的时候，陀思妥耶夫斯基经过几年的沉淀，第三次在苦难的命运中探出了头。他用一篇悼念普希金的文章向世人证明了他第一诗人的身份，这下他的荣誉再也无法磨灭。可就是在他最为辉煌的时刻，命运露出了最为锋利的獠牙，死死咬住陀思妥耶夫斯基的喉咙，夺走了他的生命。

他的拥趸陶醉于他的作品,如痴如醉地等待着他的新作,结果却等来了冰冷的灵柩。残忍的命运,其目的就在于此,它让陀思妥耶夫斯基三起三落,无非是想激发出他的所有潜力,滋生最有价值的果实。当果实成熟之后,命运又狡猾地将其攫取,而此时陀思妥耶夫斯基便没了价值,被命运如同抛弃垃圾般随意扔掉。

但命运的这个残忍行为影响深远,让陀思妥耶夫斯基的生活变成了艺术品。他的生平就是一部完美的悲剧,具有非常奇妙的象征意义。实际上,费奥多尔·米哈伊洛维奇·陀思妥耶夫斯基的出生便具有无与伦比的象征含义。

他出生于某个贫民收容所,在其生命的第一分钟,他的出生地便决定了他的命运。这个偏僻、受人轻视、社会最底层的收容所,象征了人世间所有的苦难、痛苦与死亡。直到陀思妥耶夫斯基生命的最后一天——他死在一个工人区某个狭小公寓的那一天,陀思妥耶夫斯基都没有挣脱这样的处境。他一生中有五十六年都在承受岁月的沉重,就这样一直待在充满了痛苦、贫穷、病患和匮乏的穷人收容所里。

陀思妥耶夫斯基的父亲和席勒的父亲一样,本是出身于贵族的军医,而他的母亲却出身于农民,这两种截然不同的阶层交汇于他的生命,产生了别样的效果。再加上因为虔诚地信奉宗教,

第二章　缄默的人，只是在等待属于他的时代

陀思妥耶夫斯基的灵欲在他很小的时候便到达了某种极端。

陀思妥耶夫斯基人生的最初几年与哥哥和父母住在莫斯科的穷人收容所里。请注意，这里的最初几年并不是说他的童年，因为"童年"这个词语对于他生活的那个狭小房间来说是一种奢侈。

陀思妥耶夫斯基也从来没有谈起过他的童年，对于那几年他总是羞怯地避而不谈，又或许他害怕别人同情自己，因此用清高的孤独来伪装自己。总之，在他的传记里有一段苍茫不可描述的空白，其他情感丰富的诗人总是会在这种空白处涂上最绚烂的色彩，以便自己可以时不时地回忆人生中最为甜蜜的时光。但陀思妥耶夫斯基却不同，就连他作品里的那些孩童都是灰色的，只有描写眼睛时才会用上火热的红色。

人们可以从《白痴》里的科利亚这一角色来窥探陀思妥耶夫斯基人生的最初几年。科利亚早熟，充满幻想，甚至常常产生幻觉，他的心中充满了不可名状的熊熊烈焰，总想成为了不起的大人物——这种满怀希望的孩子气想必就是陀思妥耶夫斯基在人生最初几年所怀的希望。

人们同样可以用陀思妥耶夫斯基未完成的小说《涅朵奇卡·涅茨瓦诺娃》里的涅朵奇卡来衡量陀思妥耶夫斯基，想必他与这个孩子一样，心里明明充满了爱情，却又因为害怕暴露而歇

斯底里。

人们还可以从《卡拉马佐夫兄弟》里步兵上尉的儿子伊柳沙的身上看到陀思妥耶夫斯基的影子，想必陀思妥耶夫斯基也同伊柳沙一样，会因为家里缺衣少食而羞耻，但同时也会为捍卫自己的亲人而鼓足勇气。

当陀思妥耶夫斯基作为一个小伙子走出了人生最初几年那片苍茫的空白时，他有幸结识了知识的世界，一头扎进了书籍的海洋——这是命运留给贫瘠之人永远的庇护所，所有的人只要愿意，都可在此躲避风雨。于是，他和哥哥日复一日地疯狂阅读，忘却了昼夜。他近乎疯狂，这是怀有执念者的通病，但结果却是知识的世界让他更加远离现实。虽然他的内心深处仍藏有炽热的火苗，但他却愈发胆怯，性格也愈发内向，几近病态。

于是，那一时期的陀思妥耶夫斯基既是难以融化的寒冰，又是一触即发的烈火。冰与火的交融让他成为了一个极端的狂热分子，他那无处释放的激情在体内横冲直撞。在那段疯狂阅读的岁月，他明明拥有各种通往外界的道路，却总是因为胆怯而错过。他开始厌世，觉得生活中的幸福与他无关；他开始咬紧牙关，闭紧双唇，对一切装作不闻不问。

后来，因为缺钱——就缺几个卢布，他加入了军队。可在军

第二章 缄默的人，只是在等待属于他的时代

队里他也没有朋友，只能孤身一人忧郁地面对躁动的青春时期。这时期的他像日后作品中的角色那样，一个人藏在无人的角落，过着如同原始人那般离群索居的生活。好在，他没有停止思索，没有放弃梦想，他只是在封闭中还没有找到适合自己的道路而已。

为了心中的梦想，陀思妥耶夫斯基开始暗自储备力量。他倾听自己内心的话语，并从中听到内心在为自己的梦想酝酿一切可以使用的力量。这让他惊喜不已，又带有一丝惧怕，怕自己不慎破坏了这种酝酿，于是不敢有丝毫的动弹。这种情况持续了好几年，如同黑色的枷锁，让陀思妥耶夫斯基患上了疑心病。他疑心外部世界，也疑心自己，更疑心自己内心混乱不堪的酝酿。

没承想，他的这些情绪竟然逐渐形成了一种独属于他自己的风格。他花钱如流水，又时常接济别人，还喜欢纵情享乐，因此总是有糟糕的经济问题。这令他不得不在深夜从事翻译工作。没想到，他在翻译巴尔扎克的《欧也妮·葛朗台》与席勒的《唐·卡洛》的时候无意间融进了自己的情绪，催生了自己也写一部作品的念头。于是，陀思妥耶夫斯基的第一部文学作品《穷人》便在此时诞生了。

《穷人》诞生于1844年，那年陀思妥耶夫斯基二十四岁，正是精力充沛的年纪。这部出类拔萃的作品让陀思妥耶夫斯基将胸

中炽热的情感化作了真实的眼泪。他用最感同身受的贫困与穷苦创作了这部作品。同时,他的情感、他心中的爱,还有他对穷人的同情,让《穷人》这本小说异彩纷呈。

但是,当他写完《穷人》的最后一个字的时候,他却对自己产生了怀疑,他不知道该不该向世人呈现这部作品,这同样也是命运询问他的问题。最终,陀思妥耶夫斯基还是做了决定,将这份手稿交给诗人尼古拉·阿列克塞耶维奇·涅克拉索夫,请他做评价。

最初的两天,涅克拉索夫音信全无,这让陀思妥耶夫斯基寝食难安,只能在家中用写作来排遣。没想到,两天后的凌晨,涅克拉索夫竟然拉响了陀思妥耶夫斯基的门铃,并热情地拥抱了他,向他欢呼。原来,涅克拉索夫和一位朋友共同读了这部稿子,作品让他俩又哭又笑,无法控制自己的情绪。最后,他俩再也支撑不住,不管时间已至凌晨,只想拥抱写出这稿子的作者。

这是陀思妥耶夫斯基人生中至关重要的一瞬间——那个响在凌晨的门铃,意味着陀思妥耶夫斯基走向荣誉的开始。那天,陀思妥耶夫斯基和涅克拉索夫谈论至天亮,他们用言语交换着幸福与狂喜。好不容易挨到天亮,涅克拉索夫赶紧带着稿子去往别林斯基的住处——维萨里昂·格里戈里耶维奇·别林斯基是当时俄

第二章 缄默的人,只是在等待属于他的时代

国最具权威的评论家。

还没有进别林斯基家的大门,涅克拉索夫便一边像挥着一面旗子那样挥着稿子,一边大声嚷道:"快看!新的果戈里!"别林斯基对此表示怀疑,他嘴上叨咕着:"你的果戈里总像蘑菇似的时不时地冒出来,却没有几个像真的果戈里那样!"手里却接过了涅克拉索夫挥舞着的稿子。

结果,等到陀思妥耶夫斯基拜访别林斯基的时候,这位评论家也像涅克拉索夫那样激动不已。他冲着这位满脸迷茫的年轻人嚷道:"您就是新的果戈里吧?您一定是新的果戈里!您恐怕都不知道自己创造了什么!"

面对这突如其来的赞美,陀思妥耶夫斯基感到一种甜蜜的战栗。他有些害怕,害怕这一切都不是真实的。当他走下楼梯的时候,他还以为自己是在做梦,要不是马路拐角处的马夫叫住了他,他极有可能在懵懂间撞上一辆飞驰的马车。但即便如此,他仍处于迷茫的状态,不敢相信自己正处于真实的世界。毕竟,他的心总是习惯处在阴暗的角落,他还是不敢相信童年幻想的丰功伟绩真的到来了。

此时,骄傲与谦卑在他心中交缠纠结,他也不知道自己该偏向哪一边。于是他便像一个醉酒的人那样,摇摇摆摆地走在大街

上,眼中噙着幸福与痛苦交织的泪水。

就是如此具有戏剧性,陀思妥耶夫斯基成了作家。此后,他的生活便像他的作品那样,在粗犷的轮廓中夹杂些许浪漫与惊悚。陀思妥耶夫斯基的生活就是这样,总是有激情四射的开端,然后渐渐发展成悲剧,整个过程又总是起伏不定,没有片刻的安宁。

这一秒戴在他头上的成功的王冠,下一秒就可能变成失败的枷锁——可以把这种起落看作人生患上了癫痫病,从起到落便是病症发作,因为陀思妥耶夫斯基的每次崛起都是需要跌落作为代价。他享受的每一秒成功时刻,都需要若干小时的苦役和绝望作为基础——陀思妥耶夫斯基一辈子都在用这种方式过着自己的人生。

他仅有《白夜》这部作品是单纯地为了写作的乐趣而创作的,其余的作品对他而言,都不过是谋生的手段而已。因为他之后的每部作品,在第一个字还没有写在纸上的时候就已经预支了稿费,如同还没有出生的孩子被穷困的父母出卖给奴隶主那样,他的文字永远是金钱的奴隶。他也早已被金钱锁进了文学的牢笼,一辈子只能向往自由,却永远得不到自由,只有死亡才能让他获得恩赦。

可惜,初出茅庐的陀思妥耶夫斯基并没有预料到自己日后的痛苦,他还沉浸在处女作成功的欢欣之中,计划着写一部长篇来

第二章 缄默的人，只是在等待属于他的时代

巩固自己的地位。

命运很快便对陀思妥耶夫斯基发出了警告，向他示意那位拿着鞭子的神祇不愿他的日子过得如此顺畅。不管陀思妥耶夫斯基愿不愿意接受，神祇都已经为他安排好了考验。

于是，在一个凌晨，门铃再次急促地响起。不过，这次的门铃没为他带来一个冲他欢呼的朋友，也没为他带来另一份成功的消息，而是带来了死神的镰刀。陀思妥耶夫斯基把门打开后，涌进来的是一伙军人和亮闪闪的刺刀。这些哥萨克军人奉命逮捕陀思妥耶夫斯基，查封了他的手稿，并且把他送到了某处牢房。陀思妥耶夫斯基在此足足忍受了四个月的煎熬，也没想出自己被指控了什么样的罪名。

原来，他和几个朋友总是对政治高谈阔论，被人称作反对沙皇的彼得拉舍夫斯基革命小组。他因此被送到牢房。在四个月的牢狱生涯之后，等待陀思妥耶夫斯基的是最为严厉的刑罚——他将接受枪决。

此时，他的命运又被压缩进了新的一瞬间，这是他生命中最短暂却又最丰富的一瞬间。在这个瞬间，生与死在他的命运面前不顾一切地接吻，做最后的缠绵。

在某个清晨，陀思妥耶夫斯基和其他九名狱友一起走出牢房，

他们都身着死囚的衣衫，手脚都被捆在木柱上，眼睛也被黑布蒙住。隆隆鼓声中，某个人读起了陀思妥耶夫斯基的死刑判决书。

陀思妥耶夫斯基此时几乎窒息，因为无限的绝望与对生存的渴望都被压缩在这个瞬间。好在，一名军官拯救了他，军官带来了沙皇的赦免令，陀思妥耶夫斯基的死刑改判为流放西伯利亚。

如此，陀思妥耶夫斯基从年轻时的光芒万丈跌落至深渊，四年的流放生涯让他黯淡无光。他终日伐木，一千五百根橡木桩成了属于他的地平线。他在木桩上刻下痕迹，留下泪水，度过了一千四百六十一天。

流放到西伯利亚，意味着陀思妥耶夫斯基只能与小偷、强盗、凶手为伴，工作也只能是砸石头、伐木头。他的所有财产就是一本《圣经》、一条癞皮狗和一只飞不起来的老鹰。就这样，他在西伯利亚待了足足四年，隐姓埋名，无人知晓。

等到他的脚链被打开的时候，他已经和从前的自己判若两人，人们很难相信这个形销骨立的病人就是昔日光鲜亮丽的作家。陀思妥耶夫斯基的健康严重受损，他的生活与声誉也早已烟消云散，不复以往。

只有一点一如往昔——那就是陀思妥耶夫斯基对人生的希望。他那备受摧残的身体里还有保持着炽热的火苗，等待机会爆发出

第二章 缄默的人，只是在等待属于他的时代

别样的光彩。

陀思妥耶夫斯基还得在流放之地待上好几年，虽然他的脚镣已被取下，但是他的自由仍然只有一半，不被允许发表任何作品。在这段时间，陀思妥耶夫斯基缔结了自己的第一段婚姻。他的妻子是一个性格古怪、满身顽疾的女人，总是不情愿地迎合着陀思妥耶夫斯基那种出于同情的爱。

我们不知道陀思妥耶夫斯基与这个女人的婚姻是否埋藏着某个出于自我牺牲的朦胧悲剧，但是陀思妥耶夫斯基并没有为我们作出解答。我们只有从《被侮辱与被损害的》这部小说里得到几个暗示。或许，陀思妥耶夫斯基的自我牺牲行为中带着某种沉默的英雄主义吧。

后来，陀思妥耶夫斯基回到了圣彼得堡，但他早已是个被遗忘之人。他那些文学界的恩人在他出事后不曾施以援手，他的朋友也离他而去。但陀思妥耶夫斯基还是站了起来，他写出了《死屋手记》，这本书描述了他的囚徒生活。

这部作品将俄国从漫不经心的冷漠中惊醒，整个民族通过这部作品才惊恐地发现，原来在他们表面安宁的世界下还隐藏着另外一个炼狱般的世界——在那里只有痛苦与剥削，没有友爱也没有希望。

孤独的力量：内心才是一切的答案

《死屋手记》像是一封燃烧的信件，径直飞向克里姆林宫，沙皇都为之流下了泪水。于是凭借此作，陀思妥耶夫斯基的名字再次被提起，他的荣誉再次回到他身边，并且比之前更响亮。这位复活的作家和哥哥一起创办了一份杂志，为自己向世人传播作品提供途径。彼时，陀思妥耶夫斯基的杂志发行量极大，在民众中引起强烈反响。此时的陀思妥耶夫斯基似乎再次受到了命运的青睐。

但这其实是他的错觉，那位拿着鞭子的神祇只是在玩弄他而已。神祇需要陀思妥耶夫斯基去领会另一种尘世的苦楚——他还没有经历过流亡生涯，还没有经历过那种每天为一口粮食而犯愁的生活。陀思妥耶夫斯基的流放地西伯利亚，虽然是整个俄国最令人害怕的扭曲之地，但仍然仁慈地在绝望之中为他留有一线生机。命运之神显然不想给陀思妥耶夫斯基留有余地了——神祇希望他成为民族的先行者，因此为他安排了更加极端的黑暗。

黑暗来临前，陀思妥耶夫斯基首先迎来了一道霹雳，粉碎了他所拥有的一切：一场误会让他的杂志被禁。但这并不是陀思妥耶夫斯基失去的全部。杂志被禁不久，陀思妥耶夫斯基的妻子与哥哥也相继去世，他失去了自己最为真挚的朋友和拥趸。而且，两个家庭的债务压断了他的脊梁。

第二章 缄默的人，只是在等待属于他的时代

他只能拼命抵抗，废寝忘食的工作，希望用写作来偿还债务。但是那位拿着鞭子的神祇却冷冷地看着他所做的一切。终于在某个夜里，陀思妥耶夫斯基逃了，像个罪犯一样只身逃遁。

于是陀思妥耶夫斯基开始了流亡欧洲的生活，只要能躲开债主，他可以逃到任何地方。那段生活让他断绝了与亲人的联系，也断绝了与俄国的联系，这比西伯利亚的流放生活还要让他窒息。

想想吧，这位伟大的俄国作家，那个时代最瞩目的天才，本该是命运之神的宠儿，却终日里为金钱所累。他无家可归，四处漂泊，不知道自己最终的归宿是哪里。这是多么可悲！又是多么可怕！他可能好不容易才在某个狭小潮湿的房间里找到落脚之地，但房角的蜘蛛网却无时无刻不在提醒他偿还债务。因此，他不等一项写作任务完成，便要迫不及待地承接下一项任务！

命运偶尔会让一丝幸福的亮光照进他的生活，但随即又会残忍地用乌云把光遮住。陀思妥耶夫斯基在流亡生涯中邂逅了他的第二任妻子——一个年轻的速记员。但是，这位年轻姑娘为陀思妥耶夫斯基生下的第一个孩子却因为艰苦的流亡而夭折。陀思妥耶夫斯基这才发现，昔日在西伯利亚的流放生涯不过是苦难的前餐，法国、德国、意大利的流亡生涯才是最为苦涩的正餐，没人能想象得到陀思妥耶夫斯基是怎样将其咽下去的。

孤独的力量：内心才是一切的答案

我每次穿过德累斯顿的大街小巷的时候，经过那些肮脏潮湿的房屋的时候，总是会想陀思妥耶夫斯基是不是在这里的某处住过，与这里的小贩和苦工们为邻。那些苦命的人为生存而劳作的时候，陀思妥耶夫斯基是不是在顶层的某个房间孤独地看着他们。

陀思妥耶夫斯基流亡的那几年，谁也不曾想起过他，虽然威廉·理查德·瓦格纳、弗里德里希·黑贝尔、居斯塔夫·福楼拜、戈特弗里德·凯勒——这些与其同时代的名家都住在这里，但陀思妥耶夫斯基与他们并无交往，他们也不知道陀思妥耶夫斯基离得与他们如此之近。唯有住在瑙姆堡的弗里德里希·威廉·尼采是陀思妥耶夫斯基的知己。

大多数时刻，陀思妥耶夫斯基都像是一头受了伤的野兽，他蓬头垢面，穿着破烂的衣衫，怯生生地从自己居住的破屋中溜出来，来到大街上，趁人不注意溜进咖啡馆。无论是在日内瓦还是在巴黎，咖啡馆都是他唯一的消遣，而他到那里也只是为了阅读来自俄国的报纸，看一眼俄文，吸一口来自故乡的气息。他有时候会在画廊里逗留，但这并不是因为他喜欢绘画，而仅仅是想在那里暖和一下身子。他只恨周围的人都不是俄国人，不能让自己聆听到祖国的声音。

他似乎没有和任何一个德国、法国、意大利的作家交往过，

第二章　缄默的人，只是在等待属于他的时代

这些地方只有银行里的职员认识他。在陀思妥耶夫斯基流亡欧洲的时候，每天都会来到银行柜台前用颤动的声音询问是否有来自俄国的汇款，哪怕只有一百卢布，为此他不惜一再向柜员们祈求。而柜员们则都是在嘲笑陀思妥耶夫斯基这种没有羞耻心的期盼。

当铺也是他经常去的地方，几乎所有能典当的东西都被他典当过，甚至有一次为了向圣彼得堡发一份电报，他当掉了自己最后一条裤子。而陀思妥耶夫斯基发那份电报，不过是为了向某位尊贵的读者谄媚，求取这位读者施舍几个卢布。陀思妥耶夫斯基没日没夜地工作；他的妻子在一旁因临产而痛苦地呻吟；他的癫痫症又总是伺机想要扼住他的脖子，夺取他的性命；房东太太还时不时地催讨房租，并用报警来威胁……

就在这种境遇之下，陀思妥耶夫斯基写出了《罪与罚》《白痴》《群魔》还有《赌徒》等——这些都是丰碑一般的作品，时至今日仍是让我们震撼的不朽名作！

陀思妥耶夫斯基因写作而少年成名，又因写作而流放西伯利亚，后来在流亡欧洲时，写作又成了他赖以生存的唯一技能。因此，他便更加沉迷于写作，他的作品便是他用以逃脱苦楚的麻药，同时又是兴奋剂，让他备受摧残的神经触碰那现实生活给予不了的快乐。

他用作品为自己计算归期,就好像当年从西伯利亚归来那样,渴望自己能回到俄国。只要能回到俄国,回到生他养他的家乡,就算当个乞丐他也愿意。但是,他还不能回去,命运之神要他继续蜗居在欧洲的某个街道上忍受孤独。没有人会听其抱怨,他得像蛆虫那样寻找任何可以让他生存的养分。

久而久之,他的身体被贫苦的生活彻底掏空,疾病趁机而入,像食人魔那样狠狠抡起大棒敲着他的脑袋,让他一连几天躺在床上,意识模糊。彼时,陀思妥耶夫斯基才五十岁,却好像经历了近千年的苦楚。

最后,那位拿着鞭子的神祇终于放过了他,在陀思妥耶夫斯基五十二岁的时候,他终于回到了日夜思念的家乡。他的作品再次为他带来了声誉,这次的声誉更加响亮,屠格涅夫和托尔斯泰在其面前都黯然失色——《作家日记》让他成了俄国人民的宣告者;《卡拉马佐夫兄弟》让他用自己最后的力量、最高超的技艺完成了自己留给民族的宝贵财富。

他终于明白了那位拿着鞭子的神祇为何如此待他,并且欣然接受了一切。在那一瞬间,他的生命得到了升华:他的痛苦便是上帝赐予给他的霹雳,让他能够为后人在黑暗中开辟前进的道路。这些霹雳并不是为了击倒他,而是为了让他像先知那样,划破黑暗，将后人带入永恒的不朽之地。

在普希金诞辰八十周年纪念大会上，俄国所有的名家都被邀请致辞，第一天发言的是屠格涅夫，只得到了些许不温不火的赞赏。而到了第二天，陀思妥耶夫斯基致辞时，他祭起了命运之神赠予他的霹雳，炽热的烈焰在他沙哑的嗓音中爆发，而他则是在烈焰中宣告了俄国人的神圣使命。

听众们为之倾倒，整齐地跪倒在他面前，大地都为之颤动。妇女们争先恐后地想要吻他的双手，一位大学生甚至突然晕倒在他的面前。其余的致辞者见此只能放弃发言，任由听众们发泄无边无际的热情。

那一刻，陀思妥耶夫斯基笑了，而那个拿着鞭子的命运之神仿佛也笑了。

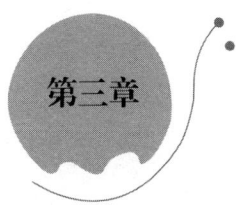

第三章

唯有孤独恒常如新

你终究会回到自己的岛屿独处，

独自面对痛苦、欢乐以及无边的思绪。

孤独

[日本] 本多显彰

惠特曼认为:"唯独居方有佳兴也。"这句话从一方面论证了"群体孤独说"。诚然,当身边尽是毫无亲密感或令人讨厌之人的时候,越是喧闹越是孤独。若是处于此等尴尬境地,还不如索性独居。那样反而更加酣畅!

我便是个喜群居的独居者,理解不了为何有些人可以与陌生人把酒言欢。因此在战争时期,我曾在幽然的山中隐居。从我的家到最近的村子,也得需要走上半小时的崎岖山路。这让我有些欢喜,却苦了家人,尤其是我的小女儿。

有一次,入夜之后,我带着她经山路回家。没承想刚到门口,她竟欢喜地叫嚷:"来客人了!"我定睛一看,发现小女儿口中的客人不过是家门前的那个树桩,因为天色阴暗才让她产生了误会。这本是生活中的小插曲,却在我心中掀起了波澜,我暗暗下定决心，为了小女儿，一定要搬回到村子里。

无独有偶，我老师的朋友中有一位名叫中村清二的博士，他也曾在山中的破旧小屋独居，过着孤独的生活，只为逃离那些可恶又可恨的人。不过这种日子比那些人更要难挨。中村博士并没有经受住孤独，一再想要逃回家人身边。

就在中村博士辗转反侧之时，一位留着络腮胡子的恶汉突然造访他那简陋的小屋。博士只道恶汉是可怜的路人，毫无戒心地将其迎进屋内，并给恶汉做了吃食。恶汉吃得很安静，离去得也很安静。

可恶汉走后不久，一群手持扁担或镰刀的村民涌入博士的小屋，询问博士是否见过一位留着络腮胡子的恶汉。原来，那名恶汉是个不折不扣的杀人狂，手上沾满了鲜血。博士这才后怕不已。暗想莫不是自己耐不住孤独，见到生人就变得热情，才让杀人狂收敛了凶性吧。

话说回来，即便是我，也远远不能畅享孤独带来的欢愉。绝对的孤独不适合我，毕竟我也是生而为人，和其他人一样需要社交。只是我性情乖张，不擅长社交而已，尤其是那种与陌生人的表面社交。所以我才说与其在表面社交里浪费时间，不如享受孤独。

或许是我太过贪心,可我真的希望能够有一块可以静听幽风吻细雨的安谧之地。**如若寻觅不到那块净土,我宁可直面无尽的孤独。**

我眷恋尘世,却恐惧世人,不若拥抱寒夜。

这首俳句,说的便是我吧。

孤独似海,而生活便是这海中的一座岛

[黎巴嫩] 纪伯伦

孤独似海,而生活便是这海中的一座岛。

这座岛以憧憬作岩石,以梦想作植被,以孤寂作花朵,以欲望作水源。相信我,生活总是矗立在那里,矗立在孤独之海的中央。

我的兄弟啊!你我的生活都是孤独之海中的岛屿。即使你扬帆探索,登陆其他岛屿;又或是他人披荆斩棘,闯进你的领地。可那都是暂时的,**你终究会回到自己的岛屿独处,独自面对痛苦、欢乐以及无边的思绪。**

我的兄弟啊!我曾见过你趾高气扬地站在矿山上,因为财富而欢愉,因为富足而畅快。你认为矿山里的每一捧矿石都是联系你与其他人的纽带。你就像个革命者,带领着你周围的人,攻克要塞,占领要地,挥霍精力,开疆拓土。

可我的兄弟啊!那些浮华都是假象,我能感受到你像极了受

伤的野兽，藏在你的矿山深处默默舔舐伤口。

我的兄弟啊！我曾见过你精神抖擞地坐在荣誉的宝座上，周围的人皆臣服于你的言行，拜倒在你的魅力之下。那一瞬间你好像无所不能的先知，用澎湃的力量让你的追随者与你一起徜徉宇内。而你也享受这种感觉。虽然你极力掩饰，但你的脸上却泛起了微笑，那是来自征服的喜悦。

可我的兄弟啊！你骗得了别人，却逃不了我的眼睛。你看似风光无限地坐在宝座上，背影却愈发孤独。背影里尽是寂寞与惆怅，恍如无数只挣扎的手，拼命地想要抓住些什么。可除了孤独，其他的什么也抓不到。

我的兄弟啊！我曾看见你缠绵于美丽女人的爱情。那时，你正轻轻抚摸她的秀发，并用双唇感知她柔美的双手。而这位美丽的女人眼中没有别人，只是默默地看着你，用温柔把你融化。此情此景让我羡慕而又欣慰——爱情唤醒了那个落寞而又孤独的男人，他终于和其他人一样，重新回到平淡却又幸福的生活中了。

可我的兄弟啊！为什么我却在这种温馨中感到不安，莫不是你在爱情的滋润下还保有一颗孤独的心？这颗心本想融化在女人的温柔里，最后却发现自己根本做不到。它独立而又倔强，就好像曙光女神洒下的宽恕之水，留在枝头不愿化作云雾。

第三章 唯有孤独恒常如新

我的兄弟啊！你总是在人后倔强，**你的精神就是孤堡。孤堡昏暗无光，可你却不会呼喊亲近之人将其点亮；孤堡落寞空荡，可你却没有让朋友伙伴将其盈满。** 你本可将这座城堡建在充满花草的花园中去，可你却怕劳烦别人，将其建在了无垠荒漠之中；你同样可以将这座城堡移到洒满阳光的山顶，可你却怕叨扰别人，反而将其置于幽静的谷底。

我的兄弟啊！我并不知道在谴责什么。因为这就是你，这才是你。你孤独，你寂寞，可倘若没有这份孤独与寂寞，你就失去了自我。

我的兄弟啊！其实我与你一样，同样孤独，同样寂寞。可这并不是缺陷，因为同样的孤独与寂寞让你我同病相怜。你我如同揽镜自照，我可以了解你，同样你也了解我。

论孤独

[英国] 亚伯拉罕·考利

早在一千七百年前，罗马还是由伟大的西庇阿统治的时候，牙牙学语的小孩子便会吟唱一句童谣："别到了夜深人静的时候就因为孤独而哭鼻子。"

能言善辩的枭雄，伟大的阿非利加征服者西庇阿十分推崇这句童谣。他认为，独处相较与人为伴更加愉悦且有意义。似乎是为了证明这一点，这位罗马统帅在完成了自己的征服大业之后，选择了解甲归田。

哲学家塞内加曾造访过西庇阿的私邸，并留下了这样的感慨："伟大的西庇阿，你是怎么了？卑贱的奴隶都知道舒适的浴室对一个罗马人有多么重要，而你的浴室却如此简陋。"

可这间陋室却代表了西庇阿的智慧与魄力。假若汉尼拔有其一半胸襟，恐怕也不会沦落到流亡自尽的境地。法国作家蒙田曾

第三章　唯有孤独恒常如新

颇具机锋地说："强者注定孤独，目标让他们心无旁骛。"诚然，强者总是不喜被外人所累，他们眼中只有自己的目标，即使遇到艰难险阻，仍然会负重前行。

然而大多数人都不是强者，他们在孤身一人没有陪伴的时候，便恍若丢了桨的船只，无风自停。但凡没有外力趋使，他们便驻足不前。

人类便是如此矛盾，虽然每个人都爱自己，却又总是无法忍受与自己独处。我们与自己对话甚至都不能超过一个小时，因为那样会让我们烦不胜烦。所以人们才会与相爱之人同生共死，不留自己孤身一人苟活于世。

与你在一起时，我才敢在森林中小憩。
即使那是一片杳无人迹之处。
因为你就是昏暗中的明灯，
将孤独从荒芜中驱除。

即使是不善于交际的诗人卡图卢斯，在面对爱人时都能发出如此炽热的宣言：

你让我怨恨，却又让我着迷。

孤独的力量：内心才是一切的答案

> 我不知道该如何表达这种矛盾，
>
> 却知道你是这一切的根源所在。
>
> 你让我感受到了爱情的痛苦，
>
> 可我却无法逃离，
>
> 因为我明白，你就是我的一切。

瞧！为了摆脱孤独，与爱人在一起，人竟可以如此卑微。

确实，没有多少人可以看破红尘，毕竟情种耐不住寂寞，俗人也做不到归隐。因此只有少许人可以挑战"孤独"！

这些人需要有足够的睿智才能剥去浮华的表面，洞悉世间琐事。他们还得有强大的精神力量才能战胜虚荣，在孤独中安谧生活。

而大多数人做不到这一点，他们总是轻而易举地被欲望或激情占据身心。孤独之所并不适合这些人，闹市才是这些人的归宿。

所以欲望便是孤独最大的敌人。当一个人被各种欲望左右情感的时候，他们怎么可能在孤独中安静下来呢？

但如果一个人学会了思考，养成了思考的习惯，那么他就有可能挑战孤独。人与兽最大的区别便是人会思考，并且人在思考时需要通过不断的阅读来获取知识，这就让人们在孤独中有事可做，时刻处于充实的状态。譬如假若我们爱上文学，就不会抱怨生活无聊，而是感慨生命短暂。

这就是所谓"愚人嫌命长，智者叹命短"吧。

智者们甚至要比国之首相还要忙碌。首相们所忙碌之事无非公事；而智者们的工作却是用自己的全部时间同上天与自然对话。

我常听人抱怨不知该如何消磨时光，这些人令我惊诧不已。他们自以为有资格去抱怨，甚至还抱怨上天没有给他们工作的机会，因而终日无所事事。

我们每个人的生命长短不一，有些人可能没有时间去获取渊博的知识，因而可能没有能力从事高雅的工作。所以也不能强求每个人都能坦然面对孤独。但如果有人连生活中无可避免的间歇性孤独都无法忍受。那他便是无药可救了。

因为任何技艺、任何学科的任何小小分支，譬如音乐、绘画、物理、化学、历史，又或是其他技艺，随便拿出一种便可填补那种间歇性孤独，并且使我们感到愉悦。

这就好比在林荫中吟诗。在错落有致的光影中，随意吟上的每一句，都能够驱散孤独。

孤独的力量：内心才是一切的答案

不眠之夜

[德国] 黑塞

今夜的雨有些寂寞，好在有白玉般的你陪我，我想要问你的名字，你却笑着逃到了窗边，只是用葱白般的手指搭在我的手上，这手指让我感觉到姐姐般的温暖。

我想叫你玛利亚，因为这个名字有爱人的意思。请原谅我的小心思，但是我们分离得实在是太久了。从我因轻率而失去了你的爱到现在，我感觉有几个世纪那么长。你比那时更美了，这是真心话，绝不是违心的奉承。

那时，你在等待我小说的结尾吧，这等待让你变成了心急的孩子。其实，你根本不用从午夜一直熬到清晨，我写好之后自然会送到你面前。可是你太心急了，把我们的关系也弄得急躁了。我的小说为我们之间沦落至此而哭泣，因此躲在创作的泥潭中，直到现在也不愿向我们呈现早该呈现的结尾。

第三章　唯有孤独恒常如新

你还记得你离开我的最后一晚吗？那晚的花园里开满了紫罗兰，枫树上还有打瞌睡的乌鸦。我们坐在爬满绿植的长椅上，随意翻阅着厚重的寓言读本，畅想着我们的未来。一股细风倏地吹过，作弄得枫叶窸窸窣窣。此情此景让我突然来了兴致，我用最磁性的声音为你朗读，让声音混着弥漫在空气里的紫罗兰香气，凝成一束爱的花朵。

一切都是那么美好，直至我念到了读本的结尾。那是一个忧伤的段落，天色为之暗淡，夜莺为之哀啼。你哭了，扔下书离我远去。我一个人呆坐在那里，恍若静止的水彩画。唯有时不时的鸟鸣，才让这幅画有了些许生机。

我终于懂得了夜莺啼叫的秘密，也学会了这种吟唱的方式。这种吟唱方式轻柔悦耳，招人喜欢，但腔调悲怆，有时甚至有些苦涩。我明白，这些吟唱便是我青春中最妙不可言、最难以忘却的歌谣，因为这歌谣里有你。

从你离开我之后，夜莺的啼叫于我而言就变成了蝎子的毒刺。我曾试过很多方法，只为恢复往日的神采，却发现一切尝试都是徒劳。我一生中最华美的乐章因你的离去而消散在风里——它们本就是为你而生。

没有了乐章，你我就好像断了琴弦的竖琴。乍听之下琴声没有异样，只是在旋律跳转到断弦处时会戛然而止，仿佛是撕裂尘世的深深沟壑。我的玛利亚，难道你不觉得这种戛然而止非常可怕吗？它的出现让整首歌错过了最甜蜜最动人的章节。

玛利亚，抱歉我让你难过了，请你原谅我，这并不是我的本意。我不想、不能、不敢指责你，我只是想问你是否还记得那个温柔的傍晚。我只想稍稍提醒你，看你对我颔首的样子。要知道你思考时美得就像女武神，不需要任何武器就能把我捕获。

谢谢你，玛利亚。今天你重现了那个对我来说意义非凡的傍晚。你现在微笑着把手放在我的手上，一如那个傍晚一样。

你闻到紫罗兰的花香了吗？你听到枫叶在窸窣作响了吗？风在空中翻滚，作弄着摇曳的枫叶。枫叶终究逃不过这种温柔的逗弄，离开了枫树，打着旋儿缓缓落下，一如那个傍晚一样。

但是，我的玛利亚，你为何突然睁开了眼睛，为何突然如此悲伤地看着我，眼神里还带着恐惧。难道我们还是要分开吗？难道你只是我的绮梦，待我清醒时便破碎吗？

我不知道该怎么办，傻站在窗边。窗外下着雨，这雨有些寂寞。

心灵的宁静

[法国] 卢梭

我生命中的大部分时间都在与命运作斗争。可我依然缺乏斗争经验,既不小心谨慎也没有锻炼出城府。我总是诚实地表达自己的情绪,既容易急躁也容易焦虑。因此,在这场与命运的斗争中,我愈发显得被动,并且破绽越来越多,只要命运愿意,随意选一处便可将我彻底击溃。

所以我放弃了。我发现,我所有的努力不过是一种徒劳,再怎么努力也抵不过命运的攻击。于是,我决定向命运屈膝。可当我放弃反抗命运之后,我反而意外地发现自己的灵魂日趋安宁。并且,这片安宁就好像天底下最好的良药,治愈了我灵魂上的创伤。

命运肯定想象不到,是它的疏忽才让我放弃反抗,从而收获了安宁。命运总是喜欢一剑封喉,用最快的刀将我击倒,不留给我任何反击的机会。其实,如果它能够卖个破绽,让我误以为自己可以反败为胜，那样命运二次击倒我时才是让我真正地堕入深渊，永世不得翻身。可惜它虽然击败了我，却也给了我一个痛快，让我不用面对再次的失败，也不用顾虑旁人的希望。我已经被击败了，击败后的击败又能造成多大的打击呢？在我坦然面对击败之后，我反而忘却了伤痛，灵魂得到了救赎。

是的，既然无力回天，我又何必白费力气。从某种角度上看，败者反而无所畏惧。因为无论命运再怎么兴风作浪，也对我构不成任何伤害了。从这一点来说，我还得感谢命运。

现如今，最高等级的痛苦对我也起不了任何作用，我也不会去担心会有更高等级的痛苦降临到我身上。因为对我来说，痛苦来临前反而比痛苦来临后更可怕。因为痛苦来临前，我可能会自己吓自己。而痛苦来临后，我反倒会发现这份痛苦比我想象中的要轻，于是我便可以深深呼出一口气，暗暗庆幸这痛苦自己可以承受。

久而久之，我承受痛苦的能力提高了，同时那些不切实际的希望也减少了。是的，我成长了。而这份成长让我的感官变得迟钝、麻木。这是命运的迫害给我带来的意想不到的好处。

现在，命运对我的支配已毫无意义，因为我早就可以坦然面对一切了。

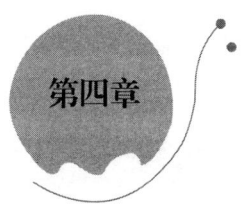

第四章

仰望星空,才能与发光的灵魂为伴

那一刻,他们早已忘却周边的旁观者,只有思考,孤独地思考,才是他们永恒的伙伴。

孤独的力量：内心才是一切的答案

孤独

[美国] 爱默生

只有在灵魂里镌刻上孤独、勤奋、谦恭、仁义，这位灵魂的主人才能被称作哲人。

哲人总是独自面对欢乐与忧愁，他们不会随声附和他人的赞美，只会用自己的评判标准去衡量一切。也正是因为这样，哲人才会像满怀热情的小伙子拥住爱人那样，热情地拥抱孤独。

可是，哲人为何要与孤独与寂寞缠绵厮守呢？

道理很简单，因为只有这样，哲人才能真正了解心中所想。假如一个人身处僻静之地，但是他却心系尘世，向往浮华，渴望喧嚣，那么即使他身边鸦雀无声，他也恍若置身于人声鼎沸的闹市。他听不到内心所想，看不到内心所看，自然也想不到内心所想。但如果这个人能够挣脱世俗的羁绊，欣然拥抱孤独，那么他的才能便会像得雨水之树木般茁壮，又如得阳光之花朵般鲜艳。

第四章　仰望星空，才能与发光的灵魂为伴

是的，群居不能让人变得更加高尚、仁义、慷慨、正直，唯有孤独才能让人的精神升华。这种孤独并不是狭义的与世隔绝，而是一种精神上的独立。譬如那些诗人，诸如拉斐尔、安吉洛、德莱顿、司汤达，他们即使身处闹市也是隐士。

只要他们的灵感在某个瞬间爆发，他们眼中便没了人群，唯有无边无际的想象空间。那一刻，他们早已忘却周边的旁观者，只有思考，孤独的思考，才是他们永恒的伙伴。

实际上，我并不是一味地渴求孤独的力量。只是我坚信应该让年轻人了解独处与群居各有益处，应该二者兼顾。而不是让那些年轻人偏重于某部分。毕竟，有些知识你只需参加几次舞会、狩猎、音乐会等活动便可知悉，而有些知识，则是需要像哲人那样离群索居后才能苦思冥想出结果。

所以，**大家应该勇于让自己的灵魂处于荒芜地带，因为那样才能让自然给予你新的启示。**当自然给予的雨水落在你的心田，滋润你的灵魂时，恭喜你，你找到了自己的归宿，找了自己的隐居之地。此时你便可以集中你的全部精力，独自一人揣摩、消化自己过去的经验与教训，然后取出精华融进你灵魂的乐土。

我建议我们应该如哲人一般奉行苦行主义，这是一种唯有哲人的刚毅与坚守才能贯彻的主义。别再让我们的生活浮于表面，

孤独的力量：内心才是一切的答案

也别再过那种肤浅浮躁的生活！

让我们紧闭嘴唇，沉默下来，如毕达哥拉斯一般苦行五年；让我们用侍奉上帝般的虔诚跪倒在角落，用汗水与泪水让我们参悟生命之真谛……就这样苦行吧，在孤独中磨炼出坚毅的品格，崇高的品质。

让那些混迹名利圈的交际花们远离我们吧，让那些报纸上的八卦、毫无意义的小道消息也远离我们吧，我们需要的是一颗坦然、真诚、公正的心。

天才们的成功可不只是在于他们的好运气，更在于他们善于把控自己，譬如拿破仑。拿破仑的确拥有非凡的才能和远见卓识，但同时他还非常自律，懂得控制自己，不贪功，不冒进。这份把控让他对于一切都了然于胸，从而让他多次在人生的关键时刻立于不败之地，其中就包括他几次雷霆般的胜利。

什么样的将军带出什么样的士兵。拿破仑的军队自然也如他们的统帅一般，既敢于大胆开拓，又纪律严明。当拿破仑的军队执行任务时，无论是中坚还是侧翼，军队里的每一个士兵都知道自己该做什么，不该做什么。这样既让每个士兵能够安心作战，又让拿破仑对赢得胜利充满信心。

如果哲人们都像拿破仑那样善于运用才能和把控自己，把自

第四章 仰望星空，才能与发光的灵魂为伴

己的才能用在对的地方，并且胜不骄、败不馁，那么哲人眼前必将是一马平川，任何果实都任君采摘。哲人们懂得一项工作唯有按部就班，而不是急于求成，才能更好地收获。因为真正的收获总是藏在日复一日的工作背后，藏在尽心竭力的争取背后。

是的，当你对轻而易举的收获不屑一顾时，当你能静下心来朝着目标一点一滴地努力时，你便掌握了成功的不二法门。

哲人们不会因自己在年幼时就要承担生活的辎重而抱怨，因为更好地了解生活中的苦难，才会懂得辛苦付出的意义。哲人们热爱养育自己的土地，并且在此留下汗水，但这并不是全部，哲人们更偏爱辛苦付出后的收获。

是的，哲人们信奉的并不是一味禁欲的苦行。只是他们认为只有经过神的考验，才有资格去倾听神演奏的美妙乐章。

其实神演奏的乐章便是思想撞击的声音。思想不会消逝，反而会在孤独中愈发响亮。就算是一位失聪者，听不见声音，但只要他能够思考，便能从这孤独中听到滋润心灵的音符。这便是神给予人最大的恩赐。

给一位年轻诗人的第十封信

[奥地利]里尔克

亲爱的卡帕斯先生,我的朋友,很抱歉隔了这么久才给您回信。可您得原谅我,因为十天前我终究还是狼狈地逃出巴黎,前往北方的一块广阔平原,寄希望于那里的空旷与安静可以让我恢复健康。

可我千算万算,最终还是败给了季节。雨季让这平原黯淡,该死的乌云总是遮住阳光,直到今天才吝啬地从指缝中稍稍放过些许。我赶紧抓住这难得一见的光明,与信件一起送给您,我亲爱的朋友。

您是知道的,我肯定不会忘记您的信件,反而会反复揣度它们。因为这些信件便是您的真情流露,当我看到这些信时,便如同看到了您。比如您在五月二日寄过来的信件,那是一封让人印象深刻的信件。无论何时,只要我打开那封信件,便仿佛您瞬间

第四章 仰望星空，才能与发光的灵魂为伴

出现在我身边，告诉我您对生活又产生了什么样的思考。

只是，我亲爱的朋友，我在巴黎时总也逃不过喧嚣，巴黎是如此烦躁，万物皆因此而不胜其扰。可我现在身处之地就不一样了，周围是看不到头的田野，海风习习，无比温柔。在这里，我对您的那些问题有了不同的思考：其实每个人关于生活的问题都没有固定的答案，因为任何语言在这些问题面前都是苍白无力的，并且生活还总是会带来新的问题，无穷无尽，不要妄想去全部解决。

可如果您返璞归真，甘愿做自然的仆人，用自己的心去感受大自然里的点点滴滴，那么您的那些问题就有解决的途径了。关于生活的问题往往不需要刻意的理智，任由您的思绪发散吧，让您的潜意识帮助自己认知什么才是您真正想要的。

您还年轻，我亲爱的朋友，一切才刚刚开始。我请求您能安静下来，对一切尽可能地忍耐，不要被您的那些问题所吓倒，您或许应该庆幸您对生活有着那么多的思考。这是您比常人优秀的地方，因为您比常人要早一步拥有了生活给予的宝藏，只是暂时还没有拿到打开宝藏的钥匙罢了。

实际上，钥匙便是生活本身，您只有用心体验生活，生活才会给予您回馈。带着您的思考生活吧，总会有那么一天，您能解答一切问题。只要您保持着思考，一切就皆有可能。

另外，关于您在两性方面的问题，相信我，亲爱的朋友，您大可不必觉得这是一种窘迫，一种污秽。其实，只要是与生活相关的问题，便都有它存在的必要性。只要您认真对待，切实地想要找出答案，那么您的问题便是有价值的，就不用怕这些问题会让您堕落，会玷污您的生活。

人类总是追求身体上的快感，这一点即是人类的生存本能，与我们欣赏美景、品尝美食没有什么不同。快感，是我们人类应当追求的感官体验，因为这也是一种自然的馈赠，包含了大自然里丰富多彩的秘密。我们追求这种感官体验也不是坏事，只不过很多人在身体的快感中迷失，只是一味地追求快感带来的刺激，用来逃避生活的苦难。这种心态甚至出现在饮食方面——因一时的饥饿而暴饮暴食的现象比比皆是。

这样的人就是没有明确自己到底需要什么，需要多少，他们的生活被欲望所驱使，因此生活才变得愈发落寞。

真心希望这样的人能明白——世间万物都有其平衡，就算是植物、动物，它们的生活也是在满足生理需求之后便克制欲望——这是一种强大的意志力，同时，也是万物在自然中存活的智慧。

啊！想到这里我不禁感叹：人类总是把生活看得如此简单，不像大自然里的其他生物那样战战兢兢，怀有敬畏。可生活是艰

第四章　仰望星空，才能与发光的灵魂为伴

难的，不管是物质生活还是精神生活。

至于您之前所说的"思想"，我的朋友，思想才是生活的创造者，它驱使人类生产、创造，没有它人类便不会在自然中探索，不会在世界中发现，也不会战胜植物和动物，成为自然的主人。

思想让我们的生活绚丽多彩，这是祖先们一代又一代传下来的瑰宝。

懂得运用"思想"的智者会在无数个充满爱意的夜晚，以饱满的情绪唤醒思想。对于他们来说，情绪的波动是他们创作的源泉。比如诗人，唯有回想无数次拥有过的温柔，才能在自己的诗歌里凝聚厚实的力量。他们用文字描绘自己的精神体验，并将其视作传承，赠予后人，如同在沃土埋下种子，后人只需等待其发芽即可。

当然，这些种子只会为懂得之人绽放，对于那些不懂其精髓的人，种子不会急于结果，只会耐心等待。

我的朋友，亲爱的卡帕斯，不要被生活里诸多的复杂与烦冗所困惑。要知道，感性会超越一切。

不要以为"感性"只会出现在少女身上。"感性"也是一种人类的天性，并且，它便是人性之美。正是因为有了感性，人才有了喜怒哀乐，才拥有丰富多彩的记忆。

孤独的力量：内心才是一切的答案

正是因为这样，我认为男人才更加需要以感性丰富他的精神生活，让他能够更好地探索与创造。实际上，我亲爱的卡帕斯，您得明白，男人和女人之间的平衡才是生活的魅力所在，这同时也是自然中最大的奥秘。

二者是互补的，倘若男人放下偏见，用同等视角去观察女人的思想，以女人的角度去考虑问题，那么他就会发现世界的不同层面，那么他的生活便会更上一个台阶。

寂寞的人总是能为创造无限可能的未来而腾出双手。所以，我的朋友，亲爱的卡帕斯，享受您的寂寞吧，寂寞如今强加在您身上的苦楚，便是您日后的资本。

您之前对我说，您身边的人都在渐行渐远。可从另一个角度来看，这同时也是您在扩大自己的圈子，因为您的朋友踏上新的征途，就好比您的分身在开疆拓土。您不应该为此烦恼，反而应为此而骄傲。

当然了，您也得善待那些落于人后的朋友，在他们面前您应不忘初心，一如初相交时的热情。不要用您的层次去衡量他们，应去同他们一起找到平衡。正如我前面说到的那样，如果男人站在女人的角度，就能找到彼此间的平衡。如果真的找到了那种平衡，那么无论您以后达到了什么样的层次，您都不用再为身边的人烦恼。

第四章 仰望星空,才能与发光的灵魂为伴

我的朋友,亲爱的卡帕斯啊,原谅那些疲惫不堪的人吧,他们不敢像您那样直面孤独。您也不需要像孩子为父母准备汇报演出那样迎合他们,因为那样您也会疲惫不堪。不要问责,不要计较,您有属于您的世界,在那里寻找属于自己的幸福吧。

别怕,我的朋友,您已经拥有了属于自己的世界。在那里,一切都在任君索取。

耐心点儿,我亲爱的卡帕斯。看看您是不是适合拥有自己的世界;看看您是不是会被世俗所诱惑,放弃这一切回到碌碌无为的庸人中去。

当然,我认为您可以耐得住寂寞,在无垠的孤独中找到属于您的道路。

因为您并不孤单,我愿与您在孤独中共同前行。

人生的智慧（节选）

[德国] 叔本华

当一个人无所事事的时候，他一定会选择回到自己擅长的某个领域去寻找快乐，诸如打球、下棋、玩牌、狩猎、赛马、歌唱、绘画、吟诗，即人们常说的爱好。

通过研究这些爱好我们可以发现：爱好使人快乐的重要原因无非是满足了人们三大基本生理需求中的某一类。也正是这样的原因，爱好可以根据人们的生理需求归纳为三个不同的类别。至于哪个类别的业余爱好更适合自己，则要看这个人更渴求满足哪一类的生理需求。

第一类爱好侧重于满足人们基本的新陈代谢需求，譬如享受美食、补充睡眠等，在一些国家，此类爱好甚至是全民共同的追求，每个人都乐在其中；第二类爱好则是满足人们肌体方面的需求，比方说散步、跳远、舞剑、骑行、跳舞、打猎等体育项目，

第四章 仰望星空,才能与发光的灵魂为伴

甚至包括搏击与散打;第三类爱好则是满足人们精神方面的需求,比方说感触、冥想、阅读、写作、学习知识、发明创造、演奏乐器及思索人生等。当然爱好还可以根据不同的等级、价值、保有快乐的时间划分类别,这就仁者见仁智者见智了。

但是不管如何分类,我们都应该清楚地意识到:爱好给予我们的快乐和幸福都是以人们自身的能力为前提,这方面相信没有人会提出异议。就好比动物在新陈代谢与肌体方面的能力可能优于人类,那么他们在满足新陈代谢与肌体需求时获得的快乐可能会优于人类;但是人类拥有的情感能力,如感知力,却是动物所不及的。感知力让人类在情感需求得到满足时会收获动物永远感受不到的强烈快乐。

感知力顾名思义,即人们认知事物的精神能力。正是因为拥有感知力,才会让人们从事物的认知中得到精神层面的乐趣,而感知力越强,人们从精神层面获得的快乐也就越多。

举一个简单的例子:一个庸人,只需要稍稍刺激他的情绪,满足他对某种事物的情愫,便能让其得到快乐。但是众所周知,这种快乐稍纵即逝,并不深刻。而刻骨铭心的快乐则往往不是单一的、纯粹的,它们往往与痛苦交织在一起。

这并不矛盾,比如人们往往会把玩牌这种单一满足欲望的爱

好视作搔痒式挑逗。诚然，玩牌可以给人们带来感官上的刺激，但它的刺激不过是蜻蜓点水。

与庸人相反，拥有强大感知力的哲人却能够专心致志地投入到认识事物中去，不受任何欲望的干扰。不过他们如此投入也是迫不得已。换句话说，他们是在勇敢直面生活的苦难。生活就是这样，柴米油盐酱醋茶无一不是琐碎而又重复，会将人们封印在浑噩与呆滞的状态。所以苦难才成了生活的一部分。可是当人们闲暇下来，思维松懈的时候，这种苦难就成了折磨。所以人们才会不堪孤独，没事找事，生怕自己闲下来。这些人寄希望于灼烧情欲来排遣孤独，挤走生活的呆滞与死气。

但是精神能力卓越的人却无视这种乏味，他们过着丰富多彩、生机无限且意义非凡的生活。漫天事物等待着他们去探索，等待着他们去思考。因此，他们本身就是快乐的根源。他们可以从大自然的鬼斧神工与人类本身的行为活动中源源不断地汲取快乐。

并且，每个时代都有人杰鬼才与瑰宝杰作供他们享受，这些艺术作品充实了精神力卓越者的生活。可以这么说，各个时代的人杰鬼才正是因为这些人而不朽。可庸人却只能是过客，他们可能对瑰宝杰作悠然一瞥，看到其中的某个部分便沾沾自喜。

当然，精神力卓越者比常人优越的地方，还在于他们对学习、观察、研究、冥想和实践等方面的需求。这同时也是对闲暇的需求。

不过,伏尔泰曾经说过:"只有有真正的需求,才会有真正的快乐。"因此有这样的需求才是这些人能够得到别人所没有的快乐的条件。而其他人虽然周边存在着各种来自大自然的鬼斧神工、来自艺术的瑰宝杰作,以及来自思想的精华,但是这些对于庸人来说好比艳妓在老人面前搔首弄姿。

无怪乎精神卓越者过着双重的生活,一种是个人生活,另一种则是思想上的生活。而后者才是他唯一的目标。前者只是人类生存的必需罢了。可芸芸众生却达不到这种境界,他们总是在生存中便迷失了自己,所以他们的生活才充满了肤浅、空虚,还有寂寞。

由于精神卓越者的目标是是精神上的生活,因此他们的生活会因为洞察力和认知能力的提高而获得整体的统一。**精神卓越者的精神生活也会愈发完整、美满,仿佛一件逐步变得完美的艺术品。**

与这种境界相比,纯粹以追求个人自身安逸为目标的生活方式则显得可悲——这种生活增加的只是长度而不是深度。正如前文提到的那样,对于大众来说,这种生活不过是人类生存的目的,对于精神卓越者而言,这种生活更不过是某种手段而已。

瞧，这个人（节选）

[德国] 尼采

拜我那优秀杰出的父亲所赐，我从来都不会去招惹别人，也不会有那些惹人反感的行为。因此，我虽不是人人都喜欢，但至少没有人对我怀有强烈的敌意。好吧，我承认可能会有那么一个，估计也是仅有的那一个，但大部分的人对我都是善意的。

太多的事例证明了我很容易得到他人的好感，即使是那些难以相处的人……我甚至可以驯服熊，让这种凶猛的野兽变得温顺。这可不是什么大话。要知道，我曾在巴塞尔大学教过七年希腊文，这期间没有一次利用身份之便惩罚学生，并且在我这里，平时懒惰的学生也会变得努力起来。

我还善于处理意外事件，这有赖于我时刻胸有成竹。在我看来，人便是一种"乐器"，不管这种"乐器"是好是坏，如果我不能驾驭好这种"乐器"，让其发出美妙的声响，那么这便是我

第四章 仰望星空，才能与发光的灵魂为伴

的失败。不过目前为止，我对这些"乐器"的驾驭都是得心应手的。我之于这些"乐器"，就好比作曲家瓦格纳的启蒙老师海因里希·冯·施泰因，以循循善诱的态度激发出了受教者的潜力，从而让"乐器"物尽其用，演奏出了自己都不敢想象的华美乐章。

当然了，虽然我不会去招惹别人，但如果有人对我怀有恶意，即使是小小的、微不足道的恶意，比方说某些所谓的恶作剧，那么我将会向其展示我的另一面，那个与平常的我不同的一面。我对于恶意的态度便是如此，过去如此，现在如此，将来也是如此。在我身上并没有所谓的"无私"和"博爱"，我反倒认为"无私"和"博爱"是一种懦弱。在我看来，只有颓废者和胆怯者才会拥有"无私"和"博爱"，他们应当受到鄙视，因为这些就是变相的矫揉造作。而且"无私"和"博爱"可能会引发一系列的灾难。所以我认为丢掉泛滥的同情心才是聪明人该有的行为。

于是我在拙作《查拉图斯特拉的诱惑》中描绘了这样一种情形：查拉图斯特拉听到了一阵急促的呼救声，他瞬间愣住了。同情心如同恶魔一般将他的身躯推向呼救声传来的方向，但那个方向背离了查拉图斯特拉应该前进的方向。这边是查拉图斯特拉所要经受住的考验，也是他最后的考验——他是选择遵循自己的目标忘我前进呢，还是选择遵从自己所谓的同情心而偏离目标？

孤独的力量：内心才是一切的答案

其实从某种意义上讲，我便是我父亲生命的延续，因为我的各个方面实在是太像他了。比如我就像他一样，有恩必还，有仇必报。实际上我和我父亲代表了一类人，这类人认为生活的真谛便是"公平"——当别人对我怀有善意的时候，我会对其怀有同等的善意；当别人对我怀有恶意的时候，我也会对其怀有同等的恶意。这类人是聪明的，因为他们不用小心翼翼地提防生活中的每个人，只需要当一切来临时做好应对即可。因此了解我的人都知道，要是有人想对我做点坏事，我肯定会公平地报复过去，并且是没有任何顾虑地报复。

另外，我觉得沉默比直接的恶意更加危险。因为沉默便是怀有异议，有异议却不提出来则必然产生愤懑。相反，那些有别于沉默的粗鄙之人反倒相对值得尊敬，因为他们的异议用最直接的方式表达了出来，这在假面社会里简直就是天使才会有的行为。

从某个角度来说，我要发自内心地感谢自己长期以来的精神疾病。因为疾病有助于我理解怨恨，从而摆脱怨恨。以我个人经历而言，我觉得人们只有在自己身患顽疾时才能弄清楚什么是怨恨。因为那时的人们，力量与精神都处于虚弱状态，此时人们才真正摆脱了外界的影响，其本身的预防本能和战斗本能才会觉醒。假使有一丝的外界帮助，那么人们就会失去这些本能，会变得不知所措，不

第四章 仰望星空，才能与发光的灵魂为伴

知道自己将要面对什么，也不知道自己能面对什么。

所以按我的想法，病人只需一剂良药，那便是相信宿命，面对宿命不作任何无谓抗争。这种想法在俄国很盛行，曾经有位俄国军人想要逃避战争，便选择了相信宿命。他把自己埋进雪堆，切断自己与外界的任何联系。由于这位军人不看不听不想，因此外界的一切便与他无关……当然像这种相信宿命的行为需要视死如归的勇气，还需要在面临死亡时能维持生命的方法，更需要无比强大、坚定的意志。因为当一个人置于类似雪堆的环境之时，他很快就会消耗掉所有精力，那时他的思维会变得迟钝，同时也丧失了敏锐的反应能力。其实换个角度我们可以发现，怨恨便是"雪堆"，它会消耗人的精力，会让人处于抑郁烦躁、乏力困倦的负面状态。这对于意志力不强的人来说，是极其不利的，并且负面状态还会有损新陈代谢，比如常见的嘴里发苦便是由此引起的。

佛教创始人释迦牟尼对这方面的认识尤为深刻，他所创造的教义也是助人战胜怨恨，让受苦之人从怨恨中解脱出来。他崇尚"以友好来对抗敌对"，不崇尚"以敌对来对抗敌对"。这种教义不仅是精神上的素养，同时也会对生理产生重大影响。因为人会因为虚弱而产生怨恨，怨恨又会让人变得更加虚弱，这就形成了

一种循环。想要突破这种循环，就要让自己的精神变得足够强大，强大到能够克制多余的情感。

  对于我个人而言，我会用严肃谨慎的态度来审视复仇感和怨恨感。如果别人能了解我的这种态度，那么他就会明白这是我在诸多实践中摸索出来的真理：当我颓废的时候，我不会允许颓废进一步影响我，因为颓废的影响只能是更加颓废；当我亢奋的时候，我同样不会允许亢奋进一步影响我，因为亢奋的影响也只能是更加亢奋……这便是属于我的宿命。

  在我的生命中，不乏难堪的境地，但我都坚守自我，就像那位俄国军人那样，钻进了我的"雪堆"，任由外界狂风骤雨，我都岿然不动。而那些妄想阻碍我相信宿命，想要将我从雪堆里拽出来的，我都会对其怒目相视。

  因为他们都在妨碍我知悉天命，妨碍我收获最伟大的理性。

我人生的旅途

[印度]泰戈尔

我坐在房间里,想要写点什么,但提笔就已乱了思绪。

我的房间在连绵树荫下的路旁。我推开了窗户,一束阳光赶紧挣脱了树荫的挽留,一溜儿小跑到我面前,上下端详确认了我的脸,然后一头扎进我的怀里。我想要抓住她的柔荑,她却调皮地跳到我的稿子上,欢悦了好一会儿,才默不作声地留下了一枚金色的吻痕。

黎明终于还是在我的稿子前探出了头,霎时间唤醒了花园的清香,天边的彩霞,惬意的晨风,还有恼人的睡意。他们汇集到我的稿子上,毫不吝啬地呈现自己最美丽的舞蹈。

我却被房间外的旅人所吸引,愿这早晨最温柔的阳光同样赐福于他们。树荫里的鸟儿仿佛听到了我的心声,它们赶紧飞到我身边叽叽喳喳地告诉我:"放心吧,那些旅人一切安好。"

是的，苍茫的宇宙总是会为旅人吟唱虔诚的福歌。此时，太阳神也不会吝啬福祉，他会唤出金辇为旅人照亮行程。此时更是少不了黎明女神，她会出现在天边，用融化黑夜的微笑为世人指明前行的道路；她总是会出现在那里，等待阳光闪耀东方门庭的时刻，为世人带来希望的赞歌。当黎明女神赐福之时，尘世被仙气浸染，万物为之灵动。

世间所有的旅人都是在此等恩泽中踏上自己的旅途。那些恩泽不会因为旅人的身份、情绪而有所区别，于是旅人们才如此平等，平等到旅人会忘却自己的喜怒哀乐、悲欢离合，只留下无尽的爱。

是的，旅人们唯爱而已，再无其他。他们爱脚下的旅途，因此在旅途上留下脚印，希望以此作为爱的证明；当他们暂别旅途时，他们会为其留下真挚的泪水；他们甚至爱屋及乌，只要是同途之人，便会相互倾慕。

而旅途则投桃报李，她们同样爱着旅人，为旅人准备了娇艳的花朵、至美的景色，希望借此为旅人减轻旅途的疲惫。旅途总是像母亲那样，为旅人送去关怀，驱走旅人内心的阴霾。她们恨不得用自己的身躯裹住旅人，为其保驾护航。

这一切都是爱的力量，如果爱淡漠了，那么旅人的旅途就会

第四章 仰望星空，才能与发光的灵魂为伴

戛然而止；如果爱被埋葬，那么旅人也就到达了旅途的终点。爱就好像御风行船，不能被束缚，只能随风向前。爱的力量无比强大，足以破除世间任何阻碍。在爱的影响下，世界才会运动不止，永不停息。

一些旅人行进时总是开怀大笑，但我能听到还有些旅人在行进时却黯然哭泣。我没法为这些旅人做些什么，只有爱才能抚慰那些悲伤的旅人。爱会让这些旅人擦干眼中的泪水，催发迷人的笑靥。

爱终究不会对旅人的眼泪坐视不管。**当某个旅人因为失去人生旅途上的伙伴而伤心落泪的时候，爱一定会为这个旅人带来新的伙伴。**

爱会对这位伤心的旅人说："你看，这些伙伴多么优秀，不比你之前那位伙伴逊色。可你泪眼婆娑，被忧伤遮住了双眼，忘却了一切，甚至忘却了爱。你说你心已经死了，再没有其他欲念，甚至想要结束自己的人生旅途。这是何等的懦弱！忘掉那些死念吧，你有爱陪伴。"

旅人们是幸福的，他们破晓启程，前往远方。虽然旅途遥远，但是有爱陪伴。他们的旅程连绵悠长，爱却让他们步伐轻盈，不知疲倦。旅人们也爱旅程中的点点滴滴，时不时驻足品味，想要

把美好的一刻镌刻在自己的记忆里，生怕以后再也遇不到如此的美好。然而，旅人们却不知道，在他们前方的旅途中，有着更大的惊喜等待着他们。

所以，各位旅人们，不用怕自己在旅途中会遇到什么可怕的事物。应该像个婴儿那样，挣脱母亲的怀抱，用自己颤颤巍巍的小脚丫去丈量旅程，去探索世间的美好。

母亲们总是喜欢那些勇敢的孩子，喜欢那些主动去探索人生旅途的孩子；母亲们不喜欢那些懦弱的孩子，不喜欢那些因为一点小小的阻碍便畏缩不前的孩子。所以，母亲们会为勇敢的孩子保驾护航，而对于懦弱的孩子，她们甚至会用棍棒驱使他们。

我们也一样，假若我们唯唯诺诺，惹恼了为我们降临福祉的太阳神，被他扯着头发在烈日下驱赶。那时，我们就真的失去了庇护，不得不伛偻前行。

不过，请旅人们记住一点，就算一切福祉都逃离旅人，旅人们也会得到爱的庇护。爱会让旅人一路平安，并且会为旅人带来伙伴。

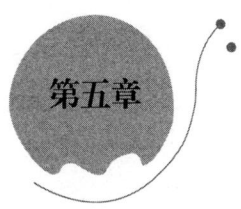

第五章

你不过是每一个孤独的瞬息

诗人的工作便是想象,在想象中建造自己想要的世界。

树木

[德国] 黑塞

我曾认为,树便是情真意切、语重心长的传教士。我尊敬那些牢牢团结在一起形成树丛或森林的树,更尊敬那些形单影只、却屹立于世的树。树是孤独的,却不像避世逃难的弱者,更像是贝多芬或尼采那样孤独的强者。

树总是任由世间的喧嚣在自己的枝头上嬉闹。它把自己的根扎在土地里,却不会因为土地的广阔而迷失。**树是在用自己的全部生命力成为天地间独一无二的存在**,并充实自己的形象,表现自己的作用,实现自己的价值。

这世间,怕是再没有什么存在能够媲美一棵茁壮的树了。

你可以从一棵被锯倒的树看到它所有的经历,树会将自己的历史镌刻在年轮上,那些年轮便是树的墓志铭。树的墓志铭忠实记录了树经历的所有伤痛,所有斗争,所有荣誉,所有经历,所

第五章　你不过是每一个孤独的瞬息

有打击，所有岁月。

那些越是生存在高山险岩上的树，其墓志铭越密集。生存条件愈发凶险，树反而会愈发倔强，不仅会生长出强壮有力、坚不可摧的树干，其年轮也要比其他环境下的树要密集。

树是通灵的，谁能与其交谈，听其教诲，谁就能获悉大自然的真理。树不会夸夸其谈，也不会舍本逐末，它只会讲最简单也最有用的生存法则。

树说："生命只有一次，我也一样，我的根、我的叶子、我的树干，甚至我的每一个细胞，都只有一次生命，逝去便无法复活。所以我会牢牢抓住这次生命，让全宇宙都能感受到我的呼吸，这便是我存在的意义。"

树又说："我相信自己，这是一种妙不可言的力量。我从不信血统能给我带来什么，也不需要父辈给我留下什么财产，更不需要我的孩子给予我什么回报。我相信，仅凭我自己的力量便可以生活得很好。我希望世人也能明白这个道理——相信自己是一件伟大的事情。"

我总是在晚风中听树窸窣作响的声音，借以排遣孤独。如果你能像我一样，静下心来仔细聆听，你会发现树便是这孤独的天敌。**孤独让我想要逃回家乡，逃回到家乡老母的怀抱里。但树却**

会制止这种想法，它会告诉你，你自己便是你的家乡。

树比我们的生命更长，比我们的呼吸更稳，比我们的想法更宁静。它就在那里，等待着我们学会聆听它的言语，等待着我们学会它的智慧。

第五章 你不过是每一个孤独的瞬息

窗外

[墨西哥] 奥克塔维奥·帕斯

窗外不远，大概三百米处，有片翡翠般的树林。树林异常茂盛，但凡微风吹过，便颤颤巍巍，仿佛随时会倾倒下来。树林由毛榉、白桦、杨树和白蜡树组成，这些树的树冠都饱满到树枝已支撑不住，摇摇晃晃的，堪比汹涌的海浪。

每当大风想要肆虐的时候，这片树林便会发出怒吼。树林里的每棵树都是不会折腰的战士，他们在狂风的怒号中笔直地站着，毫不示弱，即使狂风将他们短暂击倒，他们也会迅速爬起，继续与狂风搏斗；即使狂风将他们的树干与树枝彻底折断，他们依然会留下自己的根，牢牢抓住地面，将其牢牢守护。

倘若这片树林可以移动，他们就是最强大的士兵，可以摧毁任何想要阻碍他们的敌人。但是这片树林选择了守卫，矗立在土地上与敌人肉搏。这反而需要更加坚定，更加顽强，因为这片树

孤独的力量：内心才是一切的答案

林的选择让他们没有任何战术可言，不能迂回深入，不能曲线求胜，只能与敌人硬碰硬。虽然有些人不会理解这种精神，但这的确是植物界最值得敬佩的英雄气概。

狂风终于胆怯了，他不得不喊来帮手。于是，铁锈般的雨云在天际集结，好似虎视眈眈的军团。但这吓不倒树林，反倒激起了树林的斗志。树林右侧的两棵山毛榉最先按捺不住，身子开始剧烈地颤抖——这种颤抖可不是出于畏惧，上过战场的士兵都知道，这标志着勇士厮杀前的兴奋。

山毛榉下面有块空地，那里被树林守护得极为周到，宛若天底下最安全的庇护所。空地边上更是有道围墙，墙头不高，却很敦实，上面还爬满了倨傲的玫瑰。玫瑰枝枝蔓蔓，用自己的刺为墙头做好了防线。我一眼望去，仿佛看到了一个举着蟹钳时刻准备战斗的大螃蟹。

空地面积约四十平方米，地面大多是水泥铸造的，唯有一小块地面是夹杂着雏菊的草地。空地的墙角处有片木桌的残骸，也不知道是做什么用的。我每天看书或写作累了，便会远望那块空地，凝视那片残骸。

不过，虽然我早已习惯了残骸的存在，但我有时还是会想这片残骸存在在那里是否合适——我觉得那片残骸就像一处污点，

第五章　你不过是每一个孤独的瞬息

让保护空地的树林蒙羞。空地最里的角落有个高约六十厘米，直径约五十厘米的垃圾桶。垃圾桶的四个铁爪总是支撑起生锈的盖子，露出鲜红的垃圾袋，宛若蒸红了的螃蟹盖。

山毛榉可以为空地抵挡风云，却抵挡不住光线。当狂风与乌云远去之时，光线便照亮了空地，同时也安静了我的心。更确切地说，是收敛了我的思绪，不再困扰。我不知道这种安静是否也能作用于树木和风雨，但我却从这种安静中洞悉了自然。

自然包围着我们，既是孕育我们的母亲，也是收割我们的死神。自然不会因为我们的感情而产生误判，它始终保持着安静。我们应该像自然那样，面对狂风骤雨也要如穿过树林缝隙的阳光般稳定。

然而光线会将空地照射得愈发明亮，慢慢将其变成一个炽热的三角形。三角形并不静止，先是以肉眼难以察觉的幅度在边缘小范围活动，然后才慢慢加大幅度，在火红的中心处沸腾。我不知道这个三角形会不会爆炸，因为那里现在太过明亮，已经刺痛了我的双眼。我只能注意到，保护空地的树林仍挺立在那里，沐浴着光辉，仿佛穿上了金色的铠甲。

我明白了，原来稳定是一种暂时的平衡，只能持续一个瞬间。就好像我窗外的那块空地，只要光线稍有波动，或是风云暂缓了脚步，稳定便会被打破，从而爆发一系列的连锁变化。这些变化都不是独自的变化，它们总是牵一发而动全身，每个变化都会引发其他的变化，谁也不孤单，谁也不会稳定。

可这些连锁变化却都是为了追寻再次达到稳定，哪怕这个稳定只有一瞬。

而我们大多数的人却往往只注意到了稳定趋于变化或变化趋于稳定的中间过程而已，并没有注意到其中的高明之处不在于变化，也不在于稳定，而在于二者间的辩证关系。

第五章 你不过是每一个孤独的瞬息

最后一次的炉火

[法国] 高兰特

我的朋友,请你点起今年最后一次炉火吧,让阳光混着火焰照亮你的面庞吧。你看,你手一挥便把一捆木柴点着了,木柴里的油脂烧得噼啪作响,伴随着袅袅上升的烟雾,仿佛拖着尾巴的彗星。不用刻意邀请这颗彗星,因为它可不像太阳那样普照万物,而是像这个房间的主人那样,热情地为客人送去温暖。

我的朋友,请你趁着光亮好好瞧瞧我们的园子,这里可不像去年那样清冷。虽然新年还未开始,冬天也未离去,但是这个园子已经开始着手为我们改善生活环境了,植物都憋着嫩绿,枝头缀满骨朵,只等春天一到,便焕发勃勃生机。

特别是园子里的那些丁香。你看看它们长得多壮。去年你来抚弄它们的时候,它们还只长到你的肩头,而今年五月你再来观赏它们的时候,它们却矜持着,要你踮起脚尖才能一亲芳泽。那么，到了明年，恐怕你得仰头才能欣赏那些娇艳的花朵了吧。

还有紫罗兰，这些小家伙儿好像着了魔，一夜之间就完全绽放了笑颜。我想，你肯定会像我一样感到惊奇，惊奇这些紫罗兰怎么如此鲜艳。你不同意？为何笑着摇头，难道我说得不对吗？去年这些紫罗兰还是蓝紫色，就好像发育不良的小姑娘。可今年你看看，这些紫罗兰成了园子里最美的女孩，一颦一笑都扣人心弦。

好了，我的朋友，你不用害羞，你的眼神早已出卖了你，我知道你早就迫不及待地想去亲近这些可爱的姑娘，想要嗅闻这些姑娘特有的香气，想要在这香气里忘却人世间的一切烦恼。去吧，我的朋友，像我一样卸去身上所有的枷锁，像个孩子那样拥抱我们的园子吧。

我总能从我们的园子里感受到春天的气息，感受到破土而出的绿草，感受到茂密葱郁的树林。那些树林肯定会毫不吝啬地在枝头萌发嫩芽，它们应该更想把天地都抹成绿色。冰雪融化形成的小溪会被土地收集起来，去滋润那些红色的报春花、黄色的水仙花……

而我们的紫罗兰，那些俏生生的靓姑娘，则是在浓浓生机中糊弄了脸庞。她们早已心神荡漾，却又有些害羞，因为学校里那

第五章　你不过是每一个孤独的瞬息

些为爱人准备礼物的学生会在这些紫罗兰最美的瞬间采摘她们，然后作为礼物送给自己的爱人。

不管是开着白色花朵的紫罗兰，还是开着蓝色花朵的紫罗兰，又或是开着蓝白相间花朵的紫罗兰，都是极好的报春礼物。当紫罗兰的花朵被采摘后，留下的那些娇弱的、狭长的紫罗兰茎非但不会生气，反而会继续向世间散发紫罗兰的香气。

我的朋友，原谅我忽视了你，只陶醉在紫罗兰的香气里。你在想什么呢？我看到你竟敢直视太阳，难道不畏惧它的光芒吗？原来你只是为了去看蜜蜂，这只蜜蜂可不大灵活，应该是在寻觅花朵的途中迷了路。但我的朋友，请你不用担心，蜜蜂总会找到属于自己的花朵。

我的朋友，我不知道你是否满意我们的园子，是否喜欢这块园子上湛蓝的天空。别因为园子窄小而不满，只要你能放飞自己的思想，让其在这块园子里徜徉，那么你就会得到一块广阔无垠的天空。

去遐想吧，我的朋友，去用想象建造一个属于你自己的王国。你的思想有多远，天与地的界线便有多远。你甚至可以用想象改变界线的颜色，你喜欢粉色，它便是粉色；你喜欢金色，它便是金色。

孤独的力量：内心才是一切的答案

别用那种幽怨的目光看着我,我的朋友,你的眼睛总让我着迷,忘记我想要说的话,想要得到的东西。其实,我只是想牵着你的手,在我们的园子里,感受醉人的生机。

园子里的菖蒲睡了,它用绸缎般的叶子把自己裹得严严实实;牡丹还在用尽力气与枝头较劲;而玫瑰却已经先它一步,在枝头长出了栗子般大小的蓓蕾;别去打扰铃兰,它还躲在翡翠般的花苞里,等待让人眼前一亮的华丽登场。

我的朋友,虽然阳光还在土地上跳舞,但冷风已悄然吹起,估计春雨即将来临。你看花都被风吹散了,你看我们的那只暹罗猫,对,就是那只脸像深色丝绒的猫,刚才还安静惬意地在墙角享受阳光,现在却突然睁开了蓝宝石般的眼睛,缩着毛茸茸的耳朵,踱着碎步,头也不回地向家里走去。这小东西也是聪明,知道你刚才在家里点着了今年最后一次炉火。

啊,一年当中最后一次点燃的炉火,也是最美的炉火。它就是炉子里盛开的牡丹,向我们露着最美的笑颜。我们园子里没有一朵花能比它更加美丽,没有一棵树能比它更有生机。它就是一株不讲道理的藤蔓,将我们牢牢缠在炉边。

我的朋友,就让我们待在这里吧,待在这朵牡丹面前。因为只有它才能让忧郁的你露出真心的微笑,才能让我的皮肤显得格外有

第五章 你不过是每一个孤独的瞬息

生气。我能想象得到,炉火会怂恿爱神,将箭矢射进你的胸口。

我的朋友,让我们就待在这里吧,让我们在这一年当中最后一次的炉火旁平静下来,得到最为舒畅的休息。我想要把头倚在你的胸前,倾听炉火噼啪作响。

孤独的力量：内心才是一切的答案

人，诗意地栖居

[德国] 海德格尔

诗人弗里德里希·荷尔德林为世人留下了一句脍炙人口的名句："人生在世，成绩斐然，却还依然诗意地栖居在大地上。"为了理解"人，诗意地栖居"这一诗句，我们应该把其纳入整首诗来考虑，这样我们在审视及澄清这一诗句的时候就会唤起对生活的种种思考，否则我们就没法用开放的思维追寻这一诗句代表的具体含义。

"人，诗意地栖居"里的人如果指的是诗人，如果我们把这一诗句理解成诗人偶尔诗意地栖居，相信大家会很容易接受。但荷尔德林显然不是这么认为，这里用的"人"就是代表普遍意义上的人，即每个人都要诗意地栖居。

为什么他要这么说呢？难道栖居不是与诗意大相径庭的生活方式吗？人们用栖居来形容自己的生活的时候，往往暗藏着居住

第五章　你不过是每一个孤独的瞬息

地窄小的含义。即便比这种情况好一些，人们的栖居也往往因为房价、房租而困扰，这座大山让人们在娱乐和消遣的时候都不能彻底放松自己。就算人们在如此的栖居中还能特意留下可供诗意徜徉的空间，并从自己紧张的生活中为诗意挤出时间，那些可怜的空间与时间也只能让人们从事某种文艺性娱乐而已。人们可能会选择阅读小说，或者观看戏剧，很难想象人们会选择诗歌。毕竟现如今诗歌早已被视作某种不合时宜的矫情或者某种不实际的空想。或许有些人会把诗歌看作文学的一部分，但现如今对文学的考评在于其对于现实贡献的大小，诗歌作为避世的梦幻早已被功利之人否定。

实际上，文学推动了公共文明，同时它又是公共文明推动下的产物。于此诗歌便只能算作文学，甚至当人们从教育和科学的角度来考评诗歌的时候，它也还是文学的一部分。

但如果诗歌只能以文学的方式存在的话，那么为什么说人的栖居可以用诗意作为基础呢？"人，诗意地栖居"这句话不也是诗中的一部分吗？而且写下这一诗句的荷尔德林自己却因情场失意，长期处于精神分裂状态，最后甚至生活都不能自理。

人们常说诗人活在想象的世界之中，对现实不理不睬，也不要求自己有什么作为。的确，诗人的工作便是想象，**在想象中建**

造的自己想要的世界。那么人的栖居可以看作是诗人在想象中建造的世界？这点没有什么确切的论证，只能假设世间有一些远离现实、排斥理性、排斥社会的人，他们需要且能够生存在想象的世界里。

然而，在我们作出栖居与诗歌不相容的结论之前，让我们再回到荷尔德林的诗句。荷尔德林在诗里提到的栖居，似乎并不是指当下的栖居状况。首先，诗句里的"栖居"不一定就是住在某个狭窄的房间里；其次，诗句里也没有说"诗意"就是诗人在想象中建造的世界。如果从这种角度来思考的话，那么"栖居"还真有可能配得上"诗意"，没准两者可以配合默契，也就是说，栖居可以用诗意作为某种基础。不过，我们做这种假设之前，应该从本质上去分析栖居与诗意。

如果我们能透过现象看到二者的本质，那么我们就可以过滤掉一大堆的假象，我们就可以通过栖居来窥探其他生活方式，这样一来，栖居便不再是某个特指，而成为普遍中的代表。话说回来，栖居本就是人类诸多生活方式中的一种。现如今，很多人在市中心工作，在郊外居住。旅行时也一样，不是在此处栖居，便是在别处栖居。

由此可见，栖居不过是占用住所罢了。

第五章 你不过是每一个孤独的瞬息

所以，荷尔德林笔下的栖居，便是他定义的人类的生活方式。而他则是在这种普遍生活方式的代表中感受到了浓浓的诗意。

不过，值得注意的是：诗意只能是栖居的装饰品或附属品，不能代替栖居成为人类生活方式的全部。栖居的诗意也仅仅表示诗意能够以某种方式出现在栖居当中，因此我们便可把"人，诗意地栖居"这句话理解为"诗意让栖居变成了人类的某种生活"。

我们怎么样才能得到这种生活呢？作诗即可，所以作诗便是一种建造生活的手法。

因此我们就要面对一个两难的局面：一方面我们要根据栖居的本质来考量人类的生活方式，另一方面我们又要考虑这种建造生活方式的手法是否诗意。但如果我们解答了这两方面的问题，我们便能找到栖居的本质。

但我们人类应该如何知悉栖居和作诗的本质呢？一般来说，人类要想知悉某种事物的本质，只能基于人类彻底理解这种事物之后。比如，人类可以知悉语言的本质，是因为人类已然理解了语言。但是，纵观全人类，却只有一种肆无忌惮又不涉及要害的油腔滑调在描绘人类的说话、写作及传播。

从表面上看，这种油滑让人类看似成为语言的主宰，然而事实却相反——语言才是人类的主人。而人们为了改变这种主从关系，想了诸多方法。于是，人类把语言视作携带表达者主观意愿的载体，视作将表达贯彻到实处的工具。人们更坚信语言在各方面的运用中具有一定的严谨性。

这固然是一种非常好的情况，但如果人们仅有此等举措，那么人类还是不能改变语言与人类之间真实的支配关系。因为，从严格意义上说，是语言表达在前，人类只是在听到一段语言之后，再用另一段语言去做应答。所以，按照这样的主从关系来看，语言始终处在高位，始终是把人类召唤到某个世界的优先级存在。

然而，这一切并不意味着语言已经直接并且准确地向我们揭露了事物的本质，它自始至终都是一个参照标准。人类之所以会对语言作出应答，不过是一种表达的需要，就好像诗人写诗那样，写诗不过是一种对诗人来说最为普通的表达方式。

并且如果一个诗人满怀诗意，那么他的诗便会愈发自由，也就代表着他的表达更加爽朗畅快，他想象的世界也就更加广阔无垠。而诗人的表达也不只是单纯的陈述，里面包含了他对世界的聆听。

所以荷尔德林才会提笔写下"人，诗意地栖居"。如果此时我们把这句诗带回他的整首诗里，我们会有更加清晰的理解。来吧，先让我们看看这句诗的前面写了什么：

第五章　你不过是每一个孤独的瞬息

> 人生在世，成绩斐然，
>
> 却还依然诗意地栖居在大地上。

荷尔德林把基调定在了"诗意地"三个字上，这三个字在这句诗里包含了两个重要含义：一个关于它前面的"成绩斐然"，一个关于它后面的"在大地上"。

于是，"诗意地"三个字给人一种好像为"成绩斐然"带来某种限制的感觉，但事实却是与这种感觉相反，限制反而来自"成绩斐然"。所以，我们应该在"成绩斐然"的前面加上一个"虽然"才好。

虽然人类在栖居时可以收获成绩，这是因为人类具有创造力，可以制造工具，可以开垦荒田，而制造与开垦本来便是在建造世界。但是，人们不仅在自发地制造与开垦，同时也在建造不用通过自然生长便可收获的东西，这类东西可以是建筑物，也可以是手工艺品或者文艺作品。只可惜这些成绩并没有涉及人类栖居的本质。相反，一旦某些成绩被人追捧和争夺，这些成绩就成了阻碍栖居的存在。

也就是说，成绩反倒把栖居限制在某种制造当中。

制造为了栖居而存在，好比农民对农作物的培育，工匠对各类工具的制作一样，这种制造已成为栖居的某个结果，而不是栖居的原因或基础。栖居的基础一定存在于另外一种制造当中。虽然人们常常只从事并且只熟悉一种制造，但只有当人类采取另一种截然不同的方式制造，且熟练运用这种制造方法时，人类才能栖居。

让我们回到诗句，"栖居"下面紧跟的是"在大地上"，有些人会觉得这个状语没有什么存在的必要，栖居不就是在地上生活吗？每个生活在大地上的人都知道，即使人可以通过跳跃与飞翔短暂地离开地面，但当人类死亡之时，还得回到这片大地之上。

但是，当荷尔德林为终将面临死亡的人说出人类的栖居是诗意地栖居的时候，便制造了一种假象，这种假象用"诗意地栖居"把人类拉出了大地。因为"诗意"毕竟存在于文学世界，属于幻想领域，飞翔于现实的上空。所以，荷尔德林才加了"在大地上"这个状语，意为虽然是诗意地栖居，但始终栖居"在大地上"。

荷尔德林已经为大家指出了诗的本质，即作诗不能脱离现实，不能舍弃地面，悬浮于大地之上。或者说，作诗首先让人脚踏实地，让人归属于大地，然后才让人栖居。

那么，现在我们知悉人类该如何诗意地栖居了吗？其实我们还不知道，我们甚至不知道自己已经掉入到某种陷阱之中。这个

第五章　你不过是每一个孤独的瞬息

陷阱就是我们无意识间把某些外在因素强加在荷尔德林的这一诗句当中了。

荷尔德林虽然向我们指出了人类的栖居与人类的成绩，但是，他并没有像我们前面所做的那样，把栖居和制造联系起来。他的诗句里没有制造，没有传统观念上的制造，也没有像作诗那样的制造。所以，荷尔德林恐怕并不是像我们想象的那样诗意地栖居。不过，就算荷尔德林并没有那层意思，我们也应该在这一诗句中想到栖居与制造的本质。

而我们在明确栖居与制造的本质之前，我们首先应该确立诗歌与思想的主从关系，只有这样，诗歌与思想才会融合在一起。融合不代表着二者失去本我，也不代表它们会产生一个新的自我，只能代表着诗歌与思想的目的一致。

如果它们在融合中失去了本该保有的自我属性，那么一切都将变得毫无意义。这也就是荷尔德林想要表达的，所以他才在《万恶之源》一诗中这样写道：

存在的一体性在于神性与善良，
而唯一的存在便是人类始终无法消解的渴求。

当我们苦思荷尔德林这首关于诗意与栖居的诗时，我们或许会从中揣摩出一条道路，即一条可以让我们通过不同的思想成果得到同一结论的道路。而通过这条道路得出的结论，便是诗人想要世人知悉的结论。

那么，荷尔德林究竟想让我们得到什么结论呢？其实，我们可以通过这首诗的第二十四到第四十行来寻得答案。

这几行是这么写的：

如果生存意味着受苦，

那么人类还能坦然地说"我渴望生存"吗？

诚然，

只要人类保持善良与纯真，

人类就会因此保持快乐。

人类若是以己度神，

那么神是高深莫测，

还是有迹可循？

我相信答案是后者。

神本就是人类衡量世界的标尺。

人生在世，成绩斐然，

第五章 你不过是每一个孤独的瞬息

却还依然诗意地栖居在大地上。
就算星光璀璨的夜空,
也难与人类侍奉神性的虔诚相较,
因此,人类便是神性的体现。
若是问大地上还有没有其他标尺,
答案是没有。

孤独的力量：内心才是一切的答案

山

[美国]福克纳

  山裹着湛蓝的天空，挟着温柔的清风，宛若一幅油画，悄然伫立在登山者的前方，居高临下地看着登山者，却不让人反感，反倒生出些许敬畏。因为山总是在那里等待着，等待着登山者来征服。

  而登山者此时却无暇顾及，他甚至任由调皮的山风盈满自己的衣衫，拍打自己的身体，撩拨自己凌乱的头发。那一刻，登山者就好像不知疲倦的机械，一丝不苟地将自己的膝盖弯曲、伸直。

  不过，他的努力被时间看在眼里，记在心里。终于，当时间把登山者的影子拉到最长的时候，登山者得到了他应有的馈赠。山顶向他敞开了大门，用最高的礼节欢迎他的到来。

  对面的山谷不甘示弱，在午后和煦的阳光下用翡翠般的绿色向其脱帽致敬。山谷旁边有座应该出现在童话里的教堂，教堂的

第五章　你不过是每一个孤独的瞬息

屋顶是能让孩子们欢呼的糖果色,你看那红色多像圣女果,浅绿色像青苹果,橄榄色像猕猴桃……三棵白杨树在教堂的灰墙上留下斑斓,墙边的梨树和苹果树用白色和粉红色的花朵争妍斗艳。

山谷的树叶塞塞窣窣,在一片薄雾中若隐若现。薄雾的影子像极了温暖的大氅,将整个山谷聚拢在自己的身后,只留下时不时冒出的一缕青烟。青烟当然来自村庄,虽然飘荡,却与夕阳构成了最为协调的寂静。

这是最美好的时刻,因为无论欢畅还是惆怅,失望还是希望,都在此刻凝结。

登山者喜欢从山顶处远眺山谷,也享受从山顶处远眺山谷。因为从那个视角看到的山谷,是最优秀的画师倾尽所有才华才能描绘出的画。在那幅画里,登山者不会看到因雨水而泥泞,因牛马啃食而斑驳的块块荒地;看不到成堆的垃圾、锈迹斑斑的罐头盒、被人撕掉关键部分的裸露招贴画;看不到争斗、虚荣、野心与贪婪;更看不到被人刻意涂抹过的公示牌。

这幅画总是那么幽然,幽然到除了袅袅炊烟和颤颤树叶之外,没有任何活动的迹象;幽然到除了远远传来的抑扬顿挫的打铁声与回声之外,没有任何别的声响。

登山者在这份安静中超脱自我,他的心为之触动。最终,登山者意识到，这份触动是因为自己的灵魂在与这幅山谷构成的画作交谈。登山者想伸出手抓住这份触动，但这份触动却像流沙一样从登山者的指间滑过。

突然，登山者醍醐灌顶——自己总是耗尽心力去与自然争夺生存的权利，视自然为自己斗争的对象。可自然却不会在意这些，任君索之，任君取之。自然的包容最终让登山者甘拜下风，**登山者再也提不起好胜之心，只想把自己放逐在一片娇艳的春日晚霞之中。**

当晚霞凝结了色彩，天地归于昏暗的时候，登山者发现自己早已在自然面前臣服。黄昏时刻，林间的精灵现身山谷，用最美的嗓子吟唱着最美妙的歌谣。落霞与星空让登山者再次忘我，忘掉尘世间诸多的烦恼。

第五章　你不过是每一个孤独的瞬息

孤独的树

[保加利亚] 埃林·彼林

树林深处有两颗种子乘风而行，最终落到了田野里。肥沃的土地给了种子成长空间，甘甜的雨水给了种子养分，灿烂的阳光则让它们茁壮成长。

就这样，种子很快便长成了树。

虽然它们在土地里发育时不得相见，但随着时间的流逝，两棵树逐渐摆脱地面，在高高的层面会晤。

是的，田野里植物茂盛，大抹浓郁的绿色占领了田间地头，无数植物在其间纵横交错。唯有这两棵远远相距的树毫无畏惧地屹立在田野之间，笔直挺拔，仿佛那敢于量天的尺子。

这两棵树总是时不时遥望彼此，仿佛视线就是传达倾慕的载体。每当春暖花开之时，生命的力量勃发之日，这种本是同根生的情念便更加炽热。它们总是会不约而同地想起家乡，那块孕育它俩的地方。

鸟儿在此时便是如此温柔,它们总是轻轻拂过一棵树,然后带着这棵树的情谊飞向另一棵树。收到情谊的一方会摇动树枝回应,告诉对方此时有多么欣喜。

可惜,世间总不能一直安静,多有风狂雨骤之时。那时,这两棵互相倾慕的树木便会疯狂地挥动树枝,哪怕断腕也在所不惜。彼时,若不是有土地的桎梏,恐怕这两棵树木早已飞奔到一起,紧紧相拥,用彼此的温度来抗衡整个世间。

对于这两棵相互倾慕的树来说,夜神总是那么不近人情,这位神祇总是用黑暗阻隔情人的视野。我的天哪,与倾慕之人分开的每一秒都令人窒息,而夜神居然狠心地让这两颗树分开整个晚上。

所以,树总是暗自信奉太阳,期待阳光能让彼此永不分离。

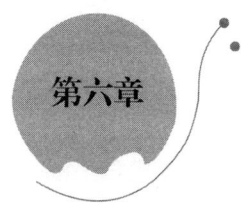

第六章

世界是心灵的倒影

把爱消耗在美妙的事物上。

给纳塔纳埃尔

[法国] 纪德

亲爱的纳塔纳埃尔,我很困扰,我不知道自己为什么会把爱消耗在美妙的事物上。我总觉得要为这些事物灼烧自己,或许,只有这样才能让这些美妙的事物焕发真正的光彩。

但不管怎么说,我认为自己的这种心态一定是因为爱,并且只有爱才会让我热衷于此,不会有丝毫的倦怠。

我总是被各种离经叛道的思想所吸引,并且只有与众不同的思想才能吸引我的注意。我更喜欢与普通人格格不入的分歧者,以及异端者中最为极端的异端者。我甚至发自内心地抵触同情,因为同情在我眼中不过是一种常见的情感,而且很多人都蒙蔽在虚伪的同情之中。

因此,亲爱的纳塔纳埃尔,其实我们应该舍弃同情,用真爱主导我们的思想。毕竟,只有真爱不像虚伪的同情那般顾忌善恶,

第六章 世界是心灵的倒影

只有真爱才会让人们的行动变得不假思索。

我们应该感情丰富，热情奔放，亲爱的纳塔纳埃尔。

人生在世，与其平平淡淡，波澜不惊，倒不如高低起伏，大悲大喜。对于我来说，我希望在生时享尽世间所有情感，实现所有愿望，耗尽所有精力，这样便可安心死去。我希望自己还在人世时就能尽情地表达，并为之付出全部的努力，这样我方可心满意足，死时也可闭上双眼。

亲爱的纳塔纳埃尔，其实我很想赠予你一种谁也不曾给予过你的快乐。但是，亲爱的纳塔纳埃尔，目前我还没有找到赠予你的方法。于是，我打开了一本又一本的书，想从书里得到启示。虽然现在还是没有什么进展，但是，你知道的，亲爱的纳塔纳埃尔，没有人会像我这样渴望与你交谈，也没有人会像我这样希冀彻夜陪在你的身边。

我只为你写作，只为有你的时刻写作。我希望自己能写出这样一本书：你从中看不到其他的情感，其他的思想，只能看到我对你的热情。我希望你能接受这份热情，我希望你能爱我。

纳塔纳埃尔，我想要教会你放纵情感，让你不用刻意封闭自己的热情。

实际上就连忧伤也不过是低落的热情，也属于热情中的一种，而热情也会充实我们每个生灵，让我们更好地释放自我。我们的行为依附我们的热情，就好像火焰需要木柴那样，行为虽然会消耗我们的热情，但是我们的热情却需要化作行为才能得以释放。而我们人类灵魂的价值也正在于我们人类的灵魂比其他生物的灵魂更懂得如何释放热情。

纳塔纳埃尔，我想要教会你放纵情感，让你不用封闭自己的热情。

我曾在广袤田野里见过你的笑容。这笑容配上湛蓝的天空，温柔的清风，醉人的花树，堪比人世间最美的画卷。所以我才不厌其烦地向你絮叨：亲爱的纳塔纳埃尔，请你务必保持你的热情。你的热情便是这天底下最美的事物。让我难以自已，欲罢不能。

梅纳尔克导师可没教我如何保持理智，相反我却从他那里学到了应该去爱世间所有美好的事物。

亲爱的纳塔纳埃尔，正是因为我从梅纳尔克那里学到的爱让我对他的感情超出了友谊。我想我是爱他的，那种爱不是朋友般的爱，而是一种亲情般的爱。

不过，亲爱的纳塔纳埃尔，你可要当心，因为智者们总是谴责梅纳尔克，认为他是个危险人物。只有小孩子才不惧怕梅纳尔克，他们很乐意从梅纳尔克那里学习如何爱自己的家、如何爱家以外的事物。

我本希望自己也能像小孩子那样在梅纳尔克那里学习如何去爱，如何去获得酸涩而又甜蜜的爱情，但梅纳尔克却让我与他保持距离，因为他不喜我的懦弱。

我们每个人身上都有不同方面的潜力，只是我们可能一时发挥不出来，但如果我们保有希望，并且时刻想着激发自己的潜力，那么我们的未来还是有希望的。

当然，我们首先得分清到底我们在哪个方面具有潜力，如果我们把精力错放在了没有潜力的方面，那么纵使我们劳累不已，我们的生活也不会得到改善。

当我们彻底体验，或是我们尝试体验过七情六欲之后，我们便会明白我们在哪些方面具有潜力，那时我们只需把自己交给情感，让情感来拷问我们的灵魂，最后给我们答案即可。

这些都是梅纳尔克曾赠予我的话，我对此深信不疑。现在我把这些话转赠给你，希望能对你有所帮助，我亲爱的纳塔纳埃尔。

我们每个人面对生活时，就好像一位发着高烧的病人捧着满满一杯冰水。冰水冒着寒气，对于发高烧的病人来说充满了诱惑力。即使理智会告诉病人此时不能一饮而尽，应该缓一缓，但是，高烧融化了病人的理智，病人终究没办法克制住自己，最后还是将这杯甘甜且清凉的冰水灌进了自己的肚子。

我们不也一样么，总是渴求夜晚清凉的空气，渴望窗前柔美的月光，这些都是我们生活中重要的冰水，让我们欣喜不已。

所以我们才会把自己贴在窗前，饥渴地呼吸着空气，贪婪地拥抱月光。天底下也唯有这份静谧，才能让我们心中的欲火烟消云散。

被缚之人（节选）

[法国]萨特

儒勒·列那尔创造了沉默文学，这种文学迄今仍有不少拥趸。在沉默文学的基础上人们衍生出了沉默派戏剧，也有以沉默为出发点的超现实主义诗歌——那种诗歌以追求冗长的句子著称。此类型的创作者们认为，唯有长句子才是燃烧灵魂的熊熊火焰，只有将一切彻底灼烧后才能让人的精神得到升华。

孤独的大作家莫里斯·布朗肖便热衷沉默文学。他自称这种作品为"无声的手枪"，因为在这种作品里辞藻是用心筛选过的，看似堆砌实则可以相互抵消，好比俄罗斯的那种方块游戏，让人不免细思极恐。

不过儒勒·列那尔并不想贩卖恐慌，他的本意并不是去创造一种本不存在的沉默。**沉默不是无中生有，应该是已经存在但之前无人发现。**儒勒·列那尔所做的，便是把这种被人忽略的沉默

孤独的力量：内心才是一切的答案

写在纸上，用文字将其表现出来。

实际上，列那尔的祖辈中便有沉默寡言之人：列那尔的母亲便不喜说话，难得开口，但开口却必是用最简短的语句讲述最意味深长的故事；列那尔的父亲跟我的祖父很像，都是邻里眼中的怪人，因为他们都对自己的婚姻极其失望，不愿与伴侣交流。

而列那尔则是在乡村度过了自己的童年时光，村子里的人总告诉他多说无益。比如，列那尔曾在回忆录里写道："当他忙完村子里的农活回到家后，就会像树懒那样躺着。"

列那尔显然受到了周边人的影响，他同样不喜多言。他喜欢黑暗，因为黑暗可以让他心安理得地在其中保持沉默。

列那尔家新来的女仆可以证实这一点。当女仆第一天工作时，她询问主人今天想要吃什么点心，列那尔的回答只有三个字："土豆汤。"第二天，女仆再次询问列那尔想要吃什么点心的时候，列那尔的回答依然只有三个字："土豆汤。"瞧瞧，列那尔连点餐都如此吝啬言语。

列那尔的孤独情缘带着泥土的芬芳，这是一种纯粹的、乡间特有的厌世心理。如果列那尔选择当一名调解员、赤脚大夫或是某个村子的领袖，那么列那尔的孤独可能会助他一臂之力，他应该会得到幸福。但列那尔却在万千职业中选择了写作，并且选择

第六章 世界是心灵的倒影

来到巴黎写作。可惜,巴黎的人惧怕孤独与沉默,所以列那尔并没有得到他想要的知音,只能越来越孤独,越来越沉默。

列那尔曾幻想自己的作品可以跻身名作巨著之列,风靡高朋满座的沙龙,从而为自己赢得声誉,可惜他生不逢时。假若他活在当下,那么他的作品必将受到推崇,但他生在了喧嚣的时代,那时的人们可不喜欢孤独与沉默。

列那尔的文风十分简洁。他认为,短句才是与沉默最为相配的表达方式。因此,他在自己所有的作品里都追求极致的简约。这种表达方式大致不错,但他却忽视了一点,简约应该是相对于每句所要表达的意思而言。

比如,哲学家笛卡尔或小说家普鲁斯特虽然爱用长句,但是他们的长句里往往只包含简洁的意思,这样给人的感觉反而比短句的感觉更好。可列那尔却不愿这样做,他在表达某个想法时,总是想竭尽全力缩减字数,类似数学家在研究如何在一个框子里装进尽可能多的转筒这种极限类问题。

列那尔甚至讨厌诗歌,他居然认为一行诗太长。

列那尔的句子有如口腔兼做排泄孔的低等生物,字字都有饱满且又深邃的含义,他不使用从句,因为他不适应这种带着脊椎骨和神经节的复杂生物。列那尔认为不属主句的成分都是废话,是毫无用处的累赘，并且认为语法是贵族们的休闲玩意儿。

列那尔喜欢那种类似单细胞生物结构的句子，希望仅用一个词语便可像一个句子那样表达想法。显然，词语比句子更接近沉默。列那尔一直在寻找这样的词语。如果他真的能找到的话，那么，言语和沉默便会在这个词语上汇聚。这似乎符合后现代主义先驱——丹麦哲学家索伦·克尔凯郭尔提出的存在主义。

可惜，列那尔没有找到这样的词语，他只能退而求其次，在句子里放入含义尽可能丰富的词语。这些词语都不能从字面上单纯地理解，需要结合语境、情感来推测，方可领略列那尔真实的想法。

列那尔信奉，"人们应该把所有如同水母一般疲软的词语扔到垃圾桶去，因为那些含义丰富的词语便已经足以撑起所有句子"。对列那尔来说，长句就已经是饱和的沉默了，更不用说把一个含义分成两句话来说。

此处，我们终于触及问题的实质了：写书的人在纸上写下第一句话之前，他就该考虑好整本书想要表达什么想法，他正在写的及以后将要写的，都得围绕这些想法才行，不能每个句子都含有独立的想法。只有让句子与句子包围起来，想要表达的想法才会动起来。

第六章　世界是心灵的倒影

换句话说，读者需要读完全部句子，才能明白某个单一的句子想要表达的想法，读者其实置身于这些句子形成的矩阵之中，句子与句子相辅相成。如果像列那尔那样用突兀的句子来表达思想，让句子与句子之间泾渭分明，每个句子都浓缩着截然不同的思想，那么这就为读者提高了阅读门槛，让作品变得佶屈聱牙、曲高和寡。

列那尔似乎在用自己的文风去论证"非知识"这种观点。布朗肖与思想家乔治·巴塔耶认为，若是从知识的对立面去汲取知识，知识就会变成"非知识"。

当然列那尔也不总是这样为了沉默而刻意使用短句，虽然他的初衷的确如此，认为短句可以更好地表达沉默，但有时他会颠倒主次，因为他认为短句也可以视作转瞬即逝的沉默，为此他会在短句中刻意寻找沉默。

"空有想法是多么无聊，没有与之相配的短句，我不如去睡大觉。"他便是如此天真，认为单个句子的首尾便是某个思想的天花板，人们不可能仅仅为了表达一个思想就用去几十个句子以及大段的文字。

列那尔或许会欣赏美国心理学家埃贡·布伦斯维克提出的"知觉恒常性测量公式"，他应该会喜欢这种概率机能主义，即用数学公式来衡量思想。列那尔不就是这样做的吗，思想被他封印在单个句子里，还要精确到每个单词上面。可他却忘了，句子对于作家来说应该是构建思想宇宙的某个元素，需要相互起承转合、相辅相成才行。

但列那尔始终不懂得这个道理，**他坚信自己才是对的，沉浸在自己的表达方式里**。可这也最终导致他的作品"废话连篇"。纵观他的作品，每个句子都有独立的想法，结果想法太多了，反倒成了累赘，可他却毫不觉察。

比如列那尔的那部《日记》，全都由简洁的"废话"组成，让人看得云里雾里，不知道句子里表达的哪个想法才是列那尔最想表达的想法。如果我们拿绘画技巧来比喻的话，列那尔的作品全部属于新印象主义作品。这种作品不用轮廓线勾勒形象，而是用点状的小笔触按照某种规律并置，由色点组成形象，因此也被称为"点彩派"。

其实，人们惊讶于列那尔为何总是保持沉默，仿佛一名在深山中苦行的僧人，没有哪个人知道列那尔的秘闻逸事。而在我们这个时代，只需稍微向外界透露一点这些事情，便能吸引住大众的目光。可能列那尔认为，世间所有人都戴着有色眼镜视物，在每个人看到某种事物之前便已经为其加上了主观滤镜。如果人们

第六章 世界是心灵的倒影

摘不掉这些有色眼镜,那么他们便不可能探索到与自己的主观思想相违背的事物。

实际上,19世纪的后五十年,法国人一直学习伦敦人的眼光,按照英国哲学家詹姆斯·穆勒或社会学家赫伯特·斯宾塞的视角去看待一切。

然而,观察却是作家们创作的唯一手段。但戴着有色眼镜去观察,自然会让他们的作品带有某种主观思维。如果后辈作家在创作时带着前辈作家的主观思维,那么他们的作品将会落到十分尴尬的境地。

龚古尔曾无意间在1870年8月27日的日记里论证了这一点,他的日记是这样写的:

左拉在午饭时与我谈起,他打算写一部系列小说。他说这部关于某个家族的小说将是一部长达十卷的史诗,里面会涉及自然史与社会史。他还说,自己敢于创作如此鸿篇巨制是受了福楼拜和我的影响。福楼拜在《包法利夫人》这部作品中采用了无比细腻的笔法来窥探感情。而我与福楼拜差不多,把某些艺术品先细分成多个部分,然后再逐一研究。任何东西都经不起这种咀嚼。之后的人永远不可能比福楼拜和我更加细腻。所以,要是想要超越前辈的话,只

孤独的力量：内心才是一切的答案

能用作品的数量与篇幅来证明自己。

左拉的话有些夸张，但是我们应该从中看到另外一层意思。至少这段话证明了，早在1870年，短文之间的竞争就已经到了白热化的境界。青年作家若想出头，就得筹备鸿篇巨著。这倒也是个办法。但是，在左拉写出长达十卷的史诗之后，还有什么捷径可以供青年作家走呢？

列那尔便是这样的青年作家，他投入写作时，人们已见识过了福楼拜、龚古尔、左拉和莫泊桑。而且，所有作品类型都有了代表人物。因此，列那尔在写作时总怀着绝望的心情，总是慨叹自己生不逢时。可列那尔在写作时却没有选择区别于前人的观察方式，这就使得他的作品乏善可陈，毫无新意。其实，他也想过标新立异，可惜他又首鼠两端，害怕标新立异并不能让自己达到目的。

我们无法理解列那尔的这种想法。就我们而言，所有的道路都是畅通的，一切都在那里等着我们去发现，等着我们用丰满的文字来表达。我们甚至会因为道路太多而苦恼。对我们来说，列那尔这种被缚之人实在是太古怪了，我们不明白他在抱怨什么。

列那尔的尴尬在于，他在坚守一块刨了无数次的土地，土地

第六章 世界是心灵的倒影

里的宝物早就被人挖掘殆尽,他却还想在其中寻觅。列那尔嘲笑左拉有收集详尽资料的癖好,同时又承认写作应该有理有据。不过,在列那尔眼中,论据应该是一个由观察者统计出的、不偏不倚的自然规律,不能有任何主观上的偏颇。所以,列那尔和自然主义者一样,认为现实就是经过科学统计、论证、过滤后的表现,是一种客观的记录。

那么,问题也就随之产生,在这种情况下还有什么值得用文字去描绘呢?人们不用去渲染情绪,不用去分析心理,在他们眼中,妓女和公主、苦工与富商没有任何分别,无非是"人类"罢了。

好在,列那尔的前辈们事无巨细地把普遍型情感研究得淋漓尽致,却忽略了细致的、个性的情感。发现了这一点的列那尔终于在1889年1月17日写下了这么一段话:

典型代表不了所有人,每个人都有不同于他人的点。只有学者们才研究典型,艺术家应该研究个人。

列那尔的这个想法似乎与作家安德烈·纪德不谋而合。纪德便主张作家们关注个体题材,希望大家能够在个体题材中觅得适合自己的道路。但我认为,列那尔的这个想法却是在招认自己的无能。因为列那尔那个时代的个体题材作品仍然在走前人的老路。证据就是列那尔他们的个体题材作品没有什么创新与突破，仍然在延续前人的思想。

比如，列那尔曾在1889年对哲学家杜博斯大为恼火，认为杜博斯关于女性的新理论纯属多此一举。列那尔更是于五年之后还告诫自己的儿子："如果想当作家，那么只需研究一个女人即可。因为研究透了一个女人，便了解了所有女人。"

所以说，列那尔还是在寻找典型中兜圈子，他还是没有明白个性是个胆小鬼，仅仅是加重呼吸便能将其吓跑，那些没被吓跑的不过是代表普遍的典型。

讽刺的是，列那尔经常无意识地受到厌世情绪、多元性思维及悲观主义的影响，导致他的观察常常不具备普遍意义。

因此，列那尔才会这样写道："我们的前辈认为典型具有普遍意义，但在我们看来，典型却是阶段性的，有时会保持平静状态，有时却会爆发。所以典型既有积极的一面，也有滞后的一面。"

在此情况下，列那尔终于开辟了一条新的道路。他夸张地称其为虚无主义道路，并且把一切拉回到了自己擅长的地方——点彩画文风和自给自足的沉默短句。列那尔称："如果人类是混乱的、不协调的，那么写长篇小说便有些不合时宜了，因为长篇小

第六章 世界是心灵的倒影

说需要一个持久的历程,可如果人类的生活是由不连贯的瞬间所组成的话,那么我们还不如写短篇小说。"

事实上,列那尔也就是这么做的,他把篇幅短小的故事攒成了一本故事集。

列那尔认为把这种方法做到极致,便自然能得到圆通自在的句子。他乐在其中,甚至让人觉得他在某一天会写出"母鸡下蛋"这样的句子。至此,在列那尔的世界里,一切都转瞬即逝,一切都变得不再真实,瞬间即是永恒。而列那尔所要做的,就是用笔把一个个瞬间记录下来。

我读过列那尔那种用虚无把每个句子隔开的短句,这种短句给我的印象如流星闪过的瞬间。而列那尔的所有短句都是这种风格,他是在用文字记录瞬间的心理印象,这一点非常巧妙。

列那尔用短句记录自己逗乐保姆的笑话,还记录自己某个卑微的瞬间,也记录刹那间的嫉妒心,同时也记录他某个一闪即过的欲望。这些短句让一些人对列那尔产生了不好的印象,可这却并不是列那尔用来在名利场里为自己博得名声的某种手法。

列那尔本是个用情至深的丈夫、尽职尽责的父亲,没有外遇,也不喜欢外遇,他所做的一切无非是出于文学上的考虑,而不是关于道德的抉择。

以列那尔为代表的人把人生当作事业，为了取得事业的成功，他们可以舍弃所有的自尊心。外人可能很难理解这种舍弃，但是对列那尔来说，他的一生给后人留下了太多不好的印象。但如果把他的一生划分成无数个瞬间，我们却可以从中找到许多值得称赞之处。我们不应该因为他人生当中的大多数时候都在犯错而戴着有色眼镜看他，而应该肯定并尊重他那些辉煌的瞬间。

话说回来，列那尔哪有沉浸于灵魂探索的时间？他的童年在乡间度过，因而喜爱乡间的事物与动物，他也总是在作品里涉及这些素材。但他生不逢时，像福楼拜、左拉、狄更斯那些前辈作家，早已挖空了所有与乡间有关的素材。所以，列那尔在选用花园、厨房、耕具这些简单素材时，都得想方设法让语言变得更加灵活，有时甚至需要另辟蹊径。

从某种意义上讲，列那尔的《自然记事》便是自己找对方向的标识。《自然记事》有插图版本，选用大量图画辅助文字，一经推出便被出版商放到了书店、酒馆、百货公司的醒目位置。《自然记事》还有个很显著的特点，它成型于前人已经勾勒好的框架，列那尔只需在框架里用细腻的工笔描绘即可——这便是属于列那尔的新型艺术形式。

自此，列那尔才真正地与前辈作家们背道而驰。前辈作家们

第六章 世界是心灵的倒影

为每个恰当的位置都准备好了与之配套的物品,比如,为厨房准备了各种炊具,为花园准备了各种花卉。但列那尔却是深挖每个个体。

他不像前辈那样精通各种炊具的名字、花卉所属的科目,他也不关心酒吧台上玻璃杯的数量、售卖的酒的品牌,他更不会为了探索某种联系而把所有事物列到一个清单里,他甚至都不愿意像莫里斯·巴雷斯那样在烘托气氛上浪费笔法。

在列那尔眼中,一个单独的玻璃杯便是整个世界,它与其他物品隔绝,没有任何联系。这个杯子就和短句那样是孤独的、封闭的。列那尔唯一的愿望,便是想用最简洁的短句来展现这个个体的世界。这一点从他《日记》的头几页里便可以得到论证,譬如"木柴躁动的气味"与"冰面下涌动的水"。人们能从此阶段列那尔的文字中感到他想要揭示物质本质的努力,列那尔也为诸多后辈提供了榜样。

恰巧受到现实主义遏制的列那尔,为了能与万物心有灵犀,需要跳出形而上学的哲学范畴,为个体赋予一个核心。这个核心不仅需要拥有可以感知到的表象或感觉,还需要拥有其他方面的东西。列那尔认为这个不为人知的核心无处不在,可以在小石子里,也可以在蜘蛛网里,更可以在一只草虫身上。但是他信奉的

孤独的力量：内心才是一切的答案

实验哲学却认为只有人类定义了某种核心，才有可能探知到这种核心，而不是核心本来就存在，只是等着有人去发现。

谨慎的实验哲学让列那尔永远也找不到他想要的核心。荒诞派作家雅克·奥迪贝尔蒂曾用"怀有秘密的乌黑"来形容牛奶。可对于列那尔来说，他可不敢如此造次。牛奶是白色的，这是公理，不容许有任何改变。就算是一种比喻、一种形容，也不能跳脱物品原有的属性。

因此，人们反而可以很容易地理解列那尔的文字。比如，他称某位才子是"蠢笨如鹅的老鹰"，这里的鹅就是取鹅呆傻之意，鹰就是取鹰击长空之意，不可能有第二种解释。列那尔认为，概括思想便是形象多种功能中最重要的一项。于是，他的晦涩文风实际融合了法国乡间的言语以及农民之间的谈资，每句话单独拎出来都是一则短小精悍的寓言。

不过，这都不算什么，列那尔虽然努力用重组事物的手法来创造形象，但他的努力却常常失败。他想要深入现实世界的内部，却总是走向形而上学。那时的人们总是先观察再思考，那是那个时代的制约，因此，那个时代的文学作品皆是经验主义的翻版。

可怜的列那尔只能竭尽全力去观察。比如，他在1月17日观察到冰面下涌动的水，5月13日观察到绽放的铃兰。这些观察被他用于自己的作品之中，因此他的作品一如现实般规律，规律到列那尔绝不可能在冬天写的作品中描写花朵，在夏天写的作品里提到冰块。可众所周知，人们想要深入现实的本质，就不能被动地观察，优秀的诗人肯定不会沉醉于眼前，他们的优秀在于其发散的思维。

还有，列那尔真是愧对虚无主义者和悲观主义者的称号，他竟然迷信科学。他看到的是普通人看到的世界，他看不到的世界也不会用想象去探索，而是寄希望于科学来为其勾勒。总而言之，他的理性成了他想在文学世界中取得成绩的桎梏。所以，他在文学世界里一无所获。

虽然列那尔总是用两个句子来记笔记，前一个句子扎实、精确、符合现实规律，可以简洁地再现事物的某种特点；后一个句子则大多是比喻，用来作为该事物的衡量标准。但由于他总是把重心压在第一个句子上面，在第一个句子里便已经揭露了事物的本质，所以第二个句子就变得可有可无。

例如："蜘蛛在某肉眼难以察觉的线上滑行，看上去像是在空气里游泳。"

这种先说出了虫子的名称，然后用精准的词汇形容它的动作的文风，束缚了人们可以为之想象的空间。的确，蜘蛛都是靠着

孤独的力量：内心才是一切的答案

一根蛛丝漫步，没有什么能比这更加接近现实的了。可除了蜘蛛会在空中漫步，蜜蜂、苍蝇、蚊子都会在空中漫步，只不过它们漫步的难易程度不同罢了。但是，列那尔却"贴心地"为我们省去了想象空间，用"游泳"二字表现出蜘蛛漫步时确比其他飞虫要困难。

问题是列那尔在第一句已经在我们心中竖起了蜘蛛漫步的那条线，提醒我们注意到这个事实，后一步又告诉我们好像在游泳，这个比喻简直是画蛇添足，因为我们在想象蜘蛛游泳之前，已经认定了它是靠着一条线滑行的。

像这种在句子里引入一个强拍子和一个弱拍子的做法并不可取，因为强拍子会让读者形成固有的观念，从而让弱拍子的效果烟消云散。

可列那尔却僵化在这种表达方式上，他作品中的每个形象都是这种强拍子与弱拍子的组合，以至于他的作品就是现实世界的缩影，刻板且乏味。显然，这些并不能让列那尔在文学世界取得什么成就。

好在，列那尔于1892年写道："现存法则的替代品可以是不存在的法则。"这便是他在之后作品中作出的巨大改变。他开始把真正的法则与客观事物放在一边，把自己琢磨到的法则放在另外一边。于是便有了"我晕倒在这里,恐怕会淹死在自由的空气里"。

他参考诗人圣保尔·鲁的妙句"穿梭在林间的飞鸟,恍若在交谈的树木",写下了"阳光仿佛灌醉了灌木,灌木感到不适,吐了出来,山楂花便是灌木吐出的白色泡沫"。这个句子简直糟糕至极,并且毫无意义,完全就是辞藻的堆砌。

请注意,列那尔在这个句子里用了"仿佛",这个仿佛便是警示灯,提醒大家即将进入幻想的领域。可我们都知道,灌木是不可能被灌醉的,也不可能呕吐出山楂花。列那尔想的是把山楂花比喻成白色的泡沫,但"山楂花"这三个字已然告诉了读者它是何种植物。如此,列那尔的比喻变成了无效比喻。

其实,列那尔并没有准确地表达出自己内心的诗意。他应该意识到,只有当人们打破了客观事物的科学认知后,才有可能将事物与比喻摆放在同一位置,如此才会彻底释放想象力,因而产生诗意。但是,人们总是对某种事物有固定认知,比如人们确信满是灰尘且布满蚊蝇的灌木再经过阳光曝晒,一定会产生某种让人恶心的东西,这些滚烫的植物肯定感染了热毒,说不定还带有其他什么可怕的毒素。

此时,若是换作弗朗西斯·蓬热那样的诗人来形容,他一定可以恰到好处地表达这种感受。可惜,形容这一切的不是蓬热,而是列那尔。这个可怜的人还没弄清自己到底想要什么，便遭受了巨大的失败，因为他从一开始，努力的方向便是错误的。

正确的做法是先让人们破除固有认知，然后再去描述个体。可列那尔从来都不敢让人们去破除认知，他不敢逃往想象的世界，除非用科学为自己保驾护航。

如果列那尔能像象征主义诗人兰波那样敢于闯入想象世界，如果他敢于否定自己信奉的现实主义，如果他能挣脱科学主义的框架，他才有可能像普鲁斯特那样写出意识流作品，或是像路易·阿拉贡那样写出超现实主义作品《巴黎的乡人》，抑或是找到里尔克与霍夫曼斯塔尔一直苦苦探寻的、隐藏在万物背后的秘密。

但是列那尔始终不明白自己到底想要什么，他只是在模糊中感到自己有一种抗拒，这种抗拒让他始终无法进入文学的某个领域。

列那尔从来没有独居过，也是产生这种抗拒的重要原因。他有着艺术家的头衔，这让他风光无比。自龚古尔兄弟成名至今，"艺术家"这三个字便被赋予了盲目庸俗、自命不凡的印记。那些伟大时代曾遭受苦难命运的诗人们经过一些艺术运动的洗礼，留下了艺术家的称号，戴在列那尔和他朋友的头顶上，不再代表魔鬼的诅咒，而成了一种资产阶级情调的舒适标记。可舒适会毁灭诗人的灵魂，让其进入万劫不复的地狱。

第六章 世界是心灵的倒影

在第三世界，艺术家早已不像神话时代的创造者，而是小型资产阶级阶层借以显摆自己的三棱镜。**这个阶层里能有多少人会像评论家马尔罗那样长期不懈地思考艺术呢？不过是以接受过高等教育，生活优渥，从事写作——这种优等职业为荣罢了。**

列那尔之所以与众不同，不是因为他所从事的职业，而是在于他从事自己的职业时得到了常人所没有的快乐。这个快乐源自他敏锐且不懈的观察。列那尔为此非常自豪，认为自己从艺术中汲取的快乐异于常人。

对于这一点，还有一段逸事。相传，有位小提琴演奏家声称自己从艺术中汲取的快乐要高于列那尔，列那尔听到后愤懑不已，连忙发表文章反击这位演奏家：

有些人想通过音乐与文学的比较来证明自己从艺术中获得的情感高于其他人……我却很难相信一个半死不活的老头儿能在艺术方面取得什么高超的情感，难道他能超过维克多·雨果或是阿尔封斯·德·拉马丁？这两位艺术家可不怎么喜欢音乐。

列那尔的辩解苍白无力，并且完全束缚住了自己。他毕竟是个现实主义者。他只能以不变应万变，因为他得按照事物的客观

177

规律进行描述，也就是根据现实向这个演奏家描绘自己。

列那尔必须保持客观，不能受任何主观思想左右，这是他的本质，他信奉的教义。但是列那尔没有这么做，他在各党派、各阶级中周旋，参加地方议会，又当了市长，所作所为均是在确保自己有产者的身份。

然而，作为悲观的现实主义者，列那尔的眼中只有混乱和丑恶，他的作品也是如此，用现实主义者特有的笔法原封不动地向读者描绘他眼中的世界。现实主义者不会在观察世界时汲取乐趣，他们只会在写作的瞬间汲取转瞬即逝的情感。因此，列那尔笔下的句子是否让其快乐，便成了评价这个句子的标准。但这同时又让列那尔只能彻底地从形式上去理解美，只能顺着前人的思想刻板地理解美。

不过，列那尔不用烦恼，因为敏感的精英分子皆以读福楼拜为荣，即使把福楼拜那种奢华喧闹的句子换成列那尔这种短小沉默的句子，只要思想一如前人留下来的那样，这些精英分子们便会露出会心的微笑。

于是我们就在此回到了前文提到的那个观点：列那尔使用的那种沉默型短句便是这类人共有的默契，它代表了一种思想上的缩略，**代表了一个大型沉默中，孤立且不受外界影响的小型沉默。**

第六章　世界是心灵的倒影

列那尔没有创造过什么,他总是沉默,他的家庭、他所处的时代、他观察事物的刻板角度,以及他的婚姻生活,让他愈发沉默,最终他只会在沉默中毁灭自己。他的《日记》成了束缚自己的枷锁,只有进入梦境才能短暂逃离。

他习惯了像个刺入现实世界的尖刺那样创造形象,又想要把这种形象在想象的世界加以释放。但他害怕幻想世界会让他的信念倒塌,因此害怕逃离现实世界,害怕在幻想世界驻足。他总是尽可能快速地回到现实世界,因为这里是让他感觉最舒适的地方。

说来有些可笑,他竭尽全力去营造的幻想世界无非是一个平庸到极点的场景,而就连幻想这样的场景都会让他感到窒息。

于是,列那尔在《日记》中表现出来的清醒成了自己可耻的庇护所。这是《胡萝卜须》的替代品,自然比写《胡萝卜须》时要深刻。列那尔在《日记》里用规整无比的文风为自己换上了葬衣,他早已把自己的生命弄得一塌糊涂。

可是,列那尔毕竟有过尝试,他尝试把福楼拜式的富丽堂皇的长句拆成沉默型短句,也尝试跳脱实验哲学以感性去体验世界。这个"艺术家"身上充满了矛盾,而这些矛盾便是种子——让当代文学迸发的种子。

反抗者

[法国] 加缪

什么人才能称得上"反抗者"？那些敢于拒绝的人便称得上"反抗者"。

但是，请注意，反抗者的拒绝并不意味着他们选择了放弃，并且反抗者也不是一开始就会拒绝，他们也会像个奴隶那样逆来顺受，只有超出了他们的忍耐极限，反抗者们才开始反抗。

所以，反抗者们的拒绝意味着什么呢？可以是"这件事情到此为止，超过这种程度可就不好了"，也可以是"我的底线就是这样，没人可以越过"。总之，反抗者的拒绝一定有着自己的评判标准，这个标准便是反抗者们的底线。

反抗者的底线也会体现在他们的某种感情之中。当反抗者想要纵容他们的某种感情时，总会有条底线提醒他们不能肆意妄为。因此，当反抗者采取某种行动的时候，意味着他们已经到了忍无可忍的地步，于是反抗成了他们捍卫自己底线的权利。也就是说，如果反抗者还能继续忍受，那么他们就不会反抗。

也正是因为如此，那些反抗者才会"顺从"地"拒绝"。这里的"顺从"是指反抗者们顺从了自己的底线，并且将其作为自己最后的支撑。反抗者们更是固执地认为所有人都应该尊重自己的底线。一旦别人侵犯了自己的底线，反抗者们便会给予雷霆一击。

反抗者们会因为价值判断而在反抗的过程中产生一种信念，这个信念让反抗者们坚定不移地面对困难。**当反抗者们陷入绝望的时候，他们选择用沉默来应对不公正的待遇。**这种沉默有着"此时无声胜有声"的妙处。

因为在反抗者沉默时，那些反抗者的敌人搞不清楚反抗者们此时到底在想什么，可一旦反抗者们开口说话，就算说的只有一个"不"字，敌人也会从中嗅到妥协的渴求。此时，反抗者就迅速跌落至弱势地位，最后的结果只能是反抗者们一次又一次地修改自己的底线。

反抗者们从反抗行动中觉醒了意识，不管这种意识多么模糊，多么短暂，反抗者们都会从中分辨哪些东西是属于自己的。这种意识是反抗者们从未拥有过的东西，因为他们在进行反抗之前忍受了一切压榨。他们像奴隶一样对主人的命令俯首帖耳，不敢有半点违背，即使主人的命令会让他们付出昂贵的代价。但是，只要他们眼下能好过些，他们便会默默忍受。

不过，反抗者们终究会在一次又一次的妥协中产生冲动，当冲动达到了临界点，反抗者们才会对奴役他们的主人说出"拒绝"的话。其实，反抗者们此时说出的拒绝不仅是在拒绝令人屈辱的命令，同时也是在拒绝自己的奴隶地位。但他们需要再进一步，把拒绝升级为反抗行动，这样才能让他们走得更远，才能让昔日的主人以平等的眼光正视自己。

当反抗者们适应了反抗行动，将其与自身融为一体，平日里的一言一行都可随意表现出抗争，并且愿意为抗争付出代价，甚至愿意为之付出生命时，反抗就成了反抗者们的至高财富。这笔财富让反抗者清醒：如果他们不去为自己争取，他们将会失去更多。

这种清醒代表着反抗者已决心为反抗献出自己的一切。反抗者们希望得到自己应有的财富，并且得到人们的尊重，如果有人想要剥夺这一切，他们便不惜以命相搏。因为反抗者们早已做好了决定：**宁肯站着死去，也不愿跪着苟活。**

某些智者认为，价值往往会从人们所渴望的事物转变成符合人们要求的事物，其过程代表了奢求走向权利。反抗亦是如此，用反抗争取权利是必然的，每时每刻都会上演"我想要什么"转变为"我要求什么"的戏码。

此外，还出现了一种理念：为了大我应当牺牲小我。这就表明反抗虽然有着极其鲜明的个人属性，但却违背了当下的主导思想。

如果一个人在反抗中选择了死亡，并且最终为反抗献出了生命，就意味着他的牺牲超出了争取个人利益的范畴。是什么利益让他宁肯死亡也要捍卫呢？恐怕只有更为广泛的大众利益吧。**大众利益让个人摆脱孤独，为个人的一切牺牲提供了合理性。**

这种价值观驳斥了某种古老的观念。一些古人认为，价值只有在获得之后才能称其为价值，得不到的价值不值一提。这一点对于我们分析反抗者的反抗行为至关重要，因为这些古人的见解与现代人对于反抗的理解大相径庭。

归根结底，还是这些古人认为如果反抗的结果并不是得到属于自己的权利，又何须舍身反抗呢？但是，这些古人不明白的是，反抗者们反抗压迫并不是单纯地为他们自己，而且为了他们同时代的所有人。真正的反抗者认为权利不仅属于他们自己，而且属于所有人，甚至包括侮辱或压迫自己的人。

有两个例子可以论证这一点。首先，反抗行动从来不是自私的行为，它虽然含有某些自私的考虑，但人们反抗的是他人强加于自己的压迫。另外，当反抗者们放下一切顾虑，不给自己留任何后路地进行反抗时，不管结果如何，反抗者都会为自己争取到尊重，毕竟他们勇敢地踏出了第一步。

其次，并不仅仅是被压迫者才会反抗，人们也会出于共情心而帮助其他受压迫的人进行反抗。在这种情况下，共情让人们把被压迫者视为自己。这并不是简单的心理上的认同，也并不是患上了受迫害妄想症。而是会有这么一种情况——我们自己可以忍耐自己受到侮辱，却忍耐不了我们在乎的人受到同样的侮辱。

譬如，俄罗斯的苦役犯可以忍受加在自己身上的鞭刑，但是同伴受到鞭刑时却用自杀来抗议。这种反抗不会涉及利益纠葛，甚至有些人在自己的对手受到不公平对待时，也会产生反抗的情绪。为什么会出现这样的现象呢？还是因为这些人都有共同的命运，个人捍卫的权利并不仅仅属于个人，而是同阶层人共同的权利。

由此看来，人类天生就有互助属性，只不过这种互助属性往往需要镣铐作为药引才能引发出来。

值得注意的是，反抗的理由绝对不会是怨恨。德国哲学家席勒曾定义过怨恨，他认为怨恨就是"自我毒害"，是在与世隔绝的状态中畏缩不前。但是反抗却与怨恨南辕北辙，因为反抗就是让死水沸腾的烈火，无时无刻不在刺激反抗者的生之欲，敦促反抗者去改变现状。

第六章 世界是心灵的倒影

席勒还认为怨恨是消极的，那些渴望被爱的女子就常常怨恨，因为这些女子在得不到她们渴望的结果时想的不是去争取，而是去怨恨。同时，席勒还指出，怨恨最大的原罪是嫉妒，怨恨者总是嫉妒自己所没有的东西，并且想方设法向他人索取，还要让他人承认自己的索取是名正言顺的。

反抗者却不会行如此苟且之事，他们的反抗只为保护自己所应该拥有的东西。

以席勒的观点来讲，怨恨要么把一个人变得野心勃勃，要么把一个人变得尖酸刻薄。显然，这都不是人们想要变成的样子。所以，想要成为一个合格的反抗者，就不能自怨自艾，应该首先做到被人接受，而不是让别人臣服。

最后，席勒认为，怨恨者似乎特别热衷于看到他们怨恨的对象遭受苦难，可能唯有这样才能满足怨恨者某种特殊的嗜好。这种想法在特杜利安的著作中也有体现。特杜利安是这样写的：

就好像有些人喜欢观看死刑那样，天堂里的人也喜欢观看罗马帝国的皇帝在地狱里备受煎熬。

然而，反抗者就不会有怨恨者的这种心理。反抗者进行反抗是拒绝接受侮辱,如果他们得到尊重,反抗者甚至宁愿接受痛苦,而不是像怨恨者那样以侮辱他人为乐。

许多人理解不了为何席勒会把怨恨跟反抗相提并论。虽然席勒在人道主义下关于怨恨的批评可能适用于其他方面,但这种关于怨恨的批评却绝对不适用于反抗。毕竟反抗是让个人挺身而出去捍卫所有人共同的尊严。

席勒认为人道主义社会也避免不了怨恨,虽然人与人之间普遍有爱,但这并不意味着所有人之间都有爱,反而所有人之间却都可能会出现怨恨。因此,怨恨是人的天性。可惜,这种想法搭建在卢梭定义的人道社会概念之上,不过是理论上的说法。

在功利主义者眼里,譬如,在陀思妥耶夫斯基笔下的伊万·费多罗维奇·卡拉马佐夫眼里,怨恨可以作为反抗的动力。席勒显然注意到了这一点,并将其概括为自己的论断:"人世间并没有多余的爱,无法恩施于他人,只能定向地恩施于某人。"

我们无法判断席勒是否正确,但席勒低估了伊万·费多罗维奇·卡拉马佐夫的本性。伊万·费多罗维奇·卡拉马佐夫的悲剧在于他爱他的父亲,可他的父亲却遭到了谋杀,这就让伊万·费多罗维奇·卡拉马佐夫的爱没有了恩施的对象。最终,这无处发泄的爱成了对自己的怨恨,慢慢摧毁了他自己。

第六章 世界是心灵的倒影

可伊万·费多罗维奇·卡拉马佐夫该问问他自己,为什么在他父亲死后,他却没有寻觅另外一个可以恩施自己爱的对象呢?

总之,我们提到的所有反抗行动绝不会是人们因为心灵的贫乏而选择的抽象理想,更不会是出于某种无谓的要求。**人们渴望自己得到重视,不过是想要证明自己有用。**

那么,人们就没有因为怨恨而进行的反抗吗?答案是否定的。人们被仇恨蒙蔽了双眼的时候,我们便可以看到许多因为怨恨而进行的反抗。但是我们不应该曲解这些反抗,应该从更加多元的角度来分析它们。实际上,怨恨远远比不上反抗。《呼啸山庄》的主人公希斯克利夫认为自己宁可为爱舍弃对上帝的虔诚,只要能和自己的爱人在一起,就算是同下地狱也无妨。这是希斯克利夫一生的追求,是他对于爱的流露。

希斯克利夫提供了与席勒对立的例子:人们无法过度强调反抗行动中的主观因素,尤其是将怨恨作为反抗行动的主要动机。反抗不会创造任何东西,而是去捍卫已经有的东西。

不过,随着时代与文化的变迁,人们进行反抗的理由也随之改变。比如印度的贫民,帝国的武士,还有虔诚的基督教徒,他们反抗的理由肯定不同。这些反抗有些是正义的,有些却是邪恶的。因此,有人断言,某些特定情况下的反抗并不能称之为反抗。

但若反抗者是一个希腊的奴隶、罗马的佃户，或文艺复兴时期的骑兵队长，或20世纪初的俄国知识分子，或我们这个时代的工人，即使他们反抗的原因各不相同，但他们的反抗却毫无疑问地具有正当属性。

若我们像席勒那样注意到反抗既不会出现在印度种姓制度那样极不平等的社会制度下，也不会出现在原始社会那样绝对平等的制度下时，我们对于反抗的理解将更加明确。

西方社会对于理论平等的追求反而遮不住其内里极大的不平衡，这是滋养反抗精神的沃土。因此，在西方社会，反抗才会变得如此常见。

席勒给了我们这样的结论：从政治自由的角度来说，西方社会的人们关于人权概念的意识在增强，但是，从现实中人权的表现来看，却远远不能达到人们希冀的目标。人们向往的自由并没有因为人权的觉醒而得到改善。我们通过席勒的结论可以发现，反抗意味着人们觉醒了的人权意识，并愿意为之采取行动，但我们却不能把反抗视作只为谋求个人利益。

相反，从反抗的互助性来看，反抗会扩展人类在其生存活动中对自我的认知。对于这一点，可以用印度的贫民从不反抗来解释——因为在贫民们反抗之前，神权已经解决了所有的反抗可能。

第六章 世界是心灵的倒影

在神权社会,之所以没有人想过反抗,是因为那里的人从来没有想到过用人权挑战神权。

只有当神权社会的人开始质疑神是否真的无所不能的时候,反抗才有可能会出现,人权才会得到尊重,人们才开始关注什么是符合人性的,而不是以神的名义将人性抹杀。当人们不再万事都去感激神的恩赐,而是去探寻万物真实的规律时,才会形成彻底的反抗。

可以这么说,人类的思想存在于两个世界,一个是神的世界,一个是反抗的世界。但人不能把思想共存于两个世界,一旦进入其中的一个世界,另一个世界便立即崩溃殆尽。

而现代社会的人之所以想要反抗,便是明白自己并不是生活在神话时代,因此要让自己的思想彻底逃离神的领域。从历史的角度来看,这种反抗便是人类进步的重要原因,如果我们逃避现实,总是将自己的生活寄托于神的福祉,那么我们永远也无法找到适合生存的行为准则。

在我们确定了反抗神权带给我们的价值之后,让我们思考一下这两个问题:当代反抗思想与反抗行动是否具有人们反抗神权那样的重大价值?如果有这种重大价值的话,我们该如何反抗呢?

在讨论这两个问题之前,我们应该注意到:反抗的价值在于反抗本身。人类的互助性帮助人们可以更加团结地参与反抗行动，而反抗行动又会反过来为人类的互助性提供维持理由。所以，我们有理由这样认为：否定或者想要摧毁人类互助性的反抗都不能称之为反抗，那样的反抗与杀人没什么区别。

在神权社会之外，反抗会让人类的互助性更加具有生机，这便是反抗思想真正的意义。**人想要生存便注定要反抗，但这种反抗不应该超过界线，这也是人与人之间和平共处的重要原则。**我们应该牢牢把控反抗精神，让它处于微妙的平衡状态。

这便是用反抗思想对世界进行探索的利弊。如果一个人的生活是痛苦的，他由于不堪忍受而选择了反抗，那么此时他的痛苦便成了集体的痛苦，总有人会为之分担。这才是人类不可抹去的固有本性。

所以，对于我们每个人每天都要经受的苦难来说，反抗便是让我们召唤伙伴的集结号，一旦我们反抗，我们就摆脱了孤独的状态——也就是所谓的："我反抗，故我们存在。"

第六章 世界是心灵的倒影

单身男人的白日梦

[英国] 阿兰·德波顿

能与孤独共舞的人恐怕才是世上最懂得浪漫的人,因为人只有处于孤独之中,没有工作、外人等诸多因素干扰自己的时候,这个人才能真正懂得爱情的精髓。

想想吧,整整一周都没有电话铃声,每餐都是即食食品,陪伴自己的只有收音机里机械的播报声,在那种情况下,恐怕我们才能真正理解为什么柏拉图会在《飨宴篇》中形容没有爱的男人就好像一半躯体被蚕食的动物。此时,如果我们还畏惧浪漫,并且害怕在这苍茫的世界里酿造绮梦的话,我们将失去更多。

我曾在一列前往爱丁堡的火车上邂逅了一名年轻的女士。她一路吮吸着果汁,随意地翻阅着类似简报的文件夹。当列车飞速奔驰的时候,我假装被窗外的景色所吸引,实际却是透过玻璃窗的倒影欣赏这位美丽的天使。她那栗色的头发、白皙的皮肤、灰

孤独的力量：内心才是一切的答案

蓝色的眸子、合身的条纹水手裙，无一不牵引着我所有的心思。就连她鼻子上的一小撮雀斑，裙子上明显的水渍都让我雀跃不已。我没有做过多的思索，便认定了她就是我的朱丽叶。

朱丽叶在列车经过曼彻斯特时终于放下了手里的文件夹，开始研究起列车上的菜单。我悄悄瞥见菜单上写着油炸茄夹、炸土豆泥三明治、塔博勒色拉，还有墨西哥煎饼……不知道我的天使想要吃点什么，我居然有些担忧，怕她为此而困扰，皱起了可爱的眉头。

我不知道自己是不是陷入了某种情感的旋涡，或者说某种情感太过强大，在我没有察觉时便俘虏了我。我只知道我太过放纵自己的感情，以至于产生了某种痴迷的、病态的幻觉。因为当列车经过纽卡斯尔的时候，我已经幻想自己与这位天使结合。我们住在长满樱桃树的房子里，每个周末的晚上她都会依偎在我身边，而我则用手指在她栗色的头发上滑来滑去，不远处的桌子上是她为我精心烹饪的饭菜，香味混合着她的体香，不时地搔弄着我的鼻子……

这种源自列车上、午餐时或是机场大厅惊鸿一瞥的绮梦，虽然说出来让人害臊，但却会让单身者感受到上天的垂怜——上天终究是为单身者保留了一块乐土，单身者应该为之五体投地，感

第六章 世界是心灵的倒影

激涕零。

单身者在绮梦中荡漾,却不会在行动中表现出来,这一点或许会被人认为是胆怯。但是,换个角度来看,女士们应该珍惜单身男人的这种胆怯,因为这种胆怯构成了他们坚贞不渝地对待爱情的基础。

其实,女士们不应该耻笑那些爱做绮梦的单身男士,耻笑他们连跟心仪的女士搭讪的勇气都没有。这些单身者已经受到了惩罚——他虽然幻想到与心仪的女士结婚生子,可那位女士却已然下了车,只给这个爱做绮梦的男人留下了一个空的果汁盒……

美学理论（节选）

[德国]西奥多·阿多诺

我们可以从康德那里看出，艺术欣赏往往假装无利害关系，这种假装让欣赏变得复杂。真正单纯以欣赏推出的结论，现在不存在，以后也不存在。个体对于艺术方面的欣赏一定只有极为有限的理解。这里的有限会随着艺术作品的质量而产生变化——作品越好，个体欣赏中的主观限制就越小。

而矛盾的是，人们在欣赏艺术时并不能完全地脱离主观。那些随波逐流的艺术欣赏者，都会变成不开窍的迟钝者。他们抛开了自身，只是盲目地按照别人的思想把某种艺术当作了果腹的食物。

话说回来，要承认批判艺术欣赏的局限性，便不可避免会遇到下面这种情况：若是欣赏在艺术中不露痕迹的话，那么我们便要面临艺术到底有何用处的窘境。

实际上，人们越不欣赏某种艺术，说明人们越懂得某种艺术，

第六章 世界是心灵的倒影

反之也一样。如果非要确定一个欣赏艺术的标准的话,那么我们或许可以这样做:传统的艺术欣赏并不是真正意义上的欣赏,更多的是一种艺术赞美,而艺术赞美无须考虑艺术本身与观赏者之间的联系。

观赏者从艺术中注意到及获取到的便是艺术的真理,也就是卡夫卡所信奉的"艺术即真理"。艺术作品并不是某种欣赏对象,观赏者与艺术作品之间的关系也不会干涉观赏者与作品的融合。相反,对艺术作品来说,若是观赏者把自己融于艺术作品之中,就好像电影中火车朝着观众迎面驶来那样,这种融合反倒是一种维护。

倘若你询问某个音乐家他是否喜爱自己的乐器,他的回答可能是"我不喜欢",就好像笑话里大提琴手嫌弃自己的大提琴那样。真诚侍奉艺术的人宁愿自己永远触碰不到艺术,也不愿把艺术树立成一处具象。虽然他们没有艺术便活不下去,但是艺术对他们来讲却不是可以亵玩的宠物。

这也就是说,如果人类不曾从艺术中得到些什么,那么也就没人会在意艺术。不过,这并不意味着人类会像对待资产那样,为贝多芬的《第九交响曲》列出应该收获哪些东西的账目。

遗憾的是,资产阶级反而就是这么做的,他们总是在艺术中

孤独的力量：内心才是一切的答案

计算价值。对于资产阶级来说，艺术便是一种具象化的意识，它可以剥离人类于直接感官体验中得到的真正快感，转而为人类提供一种乔装打扮的美。

这种美让艺术失去了尊严。表面上，这种美强调了艺术的价值，让艺术从某种意义上更接近消费，但从深层次的角度来看，这种美会加速消费者与艺术作品的分崩离析，因为消费者只会把越来越多的艺术作品当作某种商品，任何时间、任何地点都可以出售或者交换。于是，消费者便会像守护财产那样将艺术作品藏在自己的金库内。

换句话说，这种利益关系会让人类对待艺术的态度有如人类担心自己失去财产，我们可称其为悲观主义者的拜物观念。

历史发展的必然让人类把艺术视作一个整体，把艺术作品视作欣赏对象。众所周知，艺术最早是巫术与唯灵论的表现，曾是社会礼仪活动中的重要组成。那个时期，欣赏艺术缺乏个体的审美标准，因为艺术只作为供奉信仰的献祭品。只有在艺术完全献祭之后，那些不懂装懂的外行才会喧闹地寻求另一种消费艺术——一种像货物一般满足他们需要的艺术。

因此，那些对此深恶痛绝的艺术家们被迫采取某种不为外人所知的途径追寻真正的艺术，所以他们才制作了不会在献祭中毁灭的雕刻。这些雕刻说明了一个问题，那就是为什么现代人对于原始而又古老的艺术作品总是抱有崇敬之情，因为这些原始而又古老的艺术作品代表了艺术家对于某种自然现象或自然规律的理解。黑格尔便是在古老艺术作品中理解出了感性之美。

另外，由于艺术家们抗争把艺术作品视作消费品的观念，艺术作品予人的价值便只能由其本身来传达。这样沉醉在艺术中的人类其实已经摆脱了赤贫，因为他们从艺术中收获良多的快感。当然，如果我们把人类从艺术中收获的快感与饮酒后的快感相比较的话，艺术给予的快感肯定微乎其微，不值一提。但奇怪的是，以主观感受为基础的美学理论都没有真正描述过艺术的快感到底是种什么样的快感，所有相关的描述都是肤浅的。这不禁让人感慨，研究艺术的主观主义方法居然没有研究主观下的艺术体验到底是种什么样的感觉。

所以，我们还是换一种方法吧，我们应该将注意力放在艺术对象，而不是放在欣赏艺术的人身上。

总体来说，艺术的本质与艺术的批判构成了艺术欣赏，这其中暗含着资产阶级的思想。除非艺术能提供至少一种类似于审美快感那样的实用价值，否则，当资产阶级认为艺术对于自己没有价值的时候，他们便不会承认艺术应有的社会地位。这种思想曲

孤独的力量：内心才是一切的答案

解了艺术的本质和真正的美感，因为艺术的价值不能用实用价值去衡量。

虽然我们知道，动听的声音、绚丽的色彩要比刺耳的声音、单调的色彩更利于我们的健康，但是艺术始终不应该被价值化。确切地说，艺术体验是一种激发感性能力的创造性手段，在真正的艺术当中，艺术带来的快感也不应放任自流，而是随着时间变化，因此艺术也有限制。

第六章　世界是心灵的倒影

马尔特手记（节选）

[奥地利] 里尔克

从外面进来时，我看到这里已经聚集了不少人，就好像医院里到处挤着病患那样。我不知道那些聚在这里的人是不是都为了苟且地活着，我反而更希望他们可以选择痛快地死去。

不要怪我有这种极端的想法，如果你看到一位站都站不稳的穷人纵使挣扎了数步还是倒在了地上，而围观的人却不会施以援手，反而像抓到了救命稻草般一拥而上，抢夺稍微值钱的东西，你也会有我这样的想法。

但我还是注意到了人群中有个怀孕的妇人，她一样举步维艰，连走两步路都要使出吃奶的力气，但她却时不时地会抬头看一看，看看她的目的地在不在，是不是仍然矗立在那里，没有远去。

我有些好奇，到底是什么样的目的地能让一位妇人如此执着。于是便掏出地图，豁然发现，妇人的目的地应该是妇产医院。妇人或是为了自己，或是为了孩子，想要到达那里得到救治。对她来说，那座妇产医院便是生命的摇篮，生存的希望。祝妇人好运。

妇产医院的后面是一幢有着圆弧形屋顶的高大建筑，那里是军医院。整条街上挥之不去的碘酒与杀毒水的味道应该就是源自那里。这些味道恍若死神的镰刀，无时无刻不在向世人宣告死亡的气息。

我在这股浓烈的气息中发现了一幢古怪的大宅。大宅的窗户紧闭，好像白内障患者垂下的眼皮。地图上并没有标注这座大宅，但我却注意到宅子大门上有块牌子醒目地写着"黑夜庇护所"这五个大字。旁边还贴心地注明了价目。我瞥了一眼，惊讶地发现，价钱居然不算太贵。

但霎时间我瞪大了双眼，猜猜我看到了什么？本该四下无人的人行道上，居然有个婴儿孤零零地躺在童车里。

婴儿白白胖胖的，也不哭也不闹，静静地躺在那儿，挺招人喜欢。可婴儿的额头上却有一片触目惊心的红斑。我暗自祈祷，希望红斑没有什么大碍，不会给这可爱的婴儿带来什么灾难。

周围碘酒与杀毒水的气味没有阻挠婴儿的睡意，婴儿根本没有从中感受到死神镰刀的恐怖。其实，婴儿又怎么会感受到死神的气息呢？恐怕他只会从本能的呼吸中感受到生存的气息吧。

第六章　世界是心灵的倒影

是的，天底下最紧要的事情，便是感受生存的气息。

对我来说也一样。我离不开生存的气息，即使在睡觉时也要打开一扇窗户，让自己能够听到电车的铃声，汽车的呼吸；即使在风雨夜，窗户被狂风裹挟，摔落在地上，我也要听到窗户碎落的声音，并为之窃喜。你们不懂，可我却知道那碎落声是来自生存的嬉笑。

我喜欢在房间里偷听邻居夜班归来的脚步声。那种刻意保持的沉闷总是规律地由远及近，然后慢慢消逝在黑夜之中，让人感觉非常踏实。

别抵触这些声响。就算是深夜中电车碾过轨道发出的声响，混着受惊老狗的吠叫，公鸡的打鸣，以及年轻女孩的歇斯底里。我们也不用恼怒，因为夜晚并不用彻底的安静。那些声响反而是让人安眠的悸动，让人感觉得到生存的躁动。

所以说，很多人意识不到寂静才是比声响更为可怕的东西。比如，在一些火灾当中，明明火焰还在摧残家园，可救火人员却垂下了所有的喷水器，也不再尝试登上云梯。那时的寂静才是真正让人绝望，因为此刻所有人都被浓烟夺走了胆量，臣服于火焰怪兽的淫威之下。每个人都呆立不动，任由浓烟在头上炫耀。高墙被火舌肆无忌惮地舔着，本期待有人来救赎，可每个人却选择了静静地望着，仿佛被火焰吸走了灵魂，只留下躯壳静静地等待高墙倒塌的一刻。

这些都是我在最近的观察中领悟到的，我不知道该怎么形容这种领悟。感觉脑中好像被塞进了已点燃引信的烟花，一个接一个不断地炸裂。

但我不怕接受不了这些领悟，因为我的身体里好像还有个自我。虽然现在我还确定不了它具体在哪儿，但现在我能感觉到，我这段时间观察到的所有东西都汇集到我身体某处，仿佛就在滋润着另一个自我。

今天写信的时候，我更是没来由地把握住了这种感觉：此处我明明只待了三个星期，却好像待了好多年；而我在别处待上三个星期却没有这种感觉。由此我确定自己肯定在经历着某种变化。没准再过一段时间，我可能就会脱胎换骨，变作另外一个人——一个任何人都不认识的人。如果真的是那样，我似乎不应该再向我的朋友们写信了。毕竟那时，我自己可能都认不出自己。

不过，观察对我来说总归是一件好事。我在观察中收获良多。我也不应该再继续虚度光阴，应该抓住每一分每一秒去观察，去收获。

当然，我现在的住处也给了我观察的好机会。毕竟，以前我

第六章 世界是心灵的倒影

从未想过自己会被如此熙熙攘攘的陌生面孔所包围,但如今我居住的地方不仅有许多人,而且这些人还有着不同的面孔。

谨慎且无知的人才会经年累月带着一成不变的面孔。就算他们的面孔已经跟不上时代,这些人也从来不会保养,任由面孔皴裂、起皱、老化。即使上帝赐予这些人多张免费的面孔,他们也不会觉得更换面孔对自己有什么好处。他们反而会把上帝的恩赐赏给自己的狗,让狗戴着本该属于自己的面孔出门;又或是他们会像守财奴那样把面孔储存起来,当作压箱底的东西留给孩子。

然而,世上还有与之截然不同的人,那些人换面孔的速度让人应接不暇,并且他们毫不珍惜面孔,认为面孔多到可以任由他们肆意地挥霍。可他们不知道,当他们年老力衰的时候,他们留给自己的只有一张薄得像纸的面孔。而如果他们稍有不慎,将这最后的面孔也弄破了,那么他们也就只能自食苦果,将自己裸露在世人面前了。

唯有穷苦的人不在乎这些,比如那个蜷缩在圣母大街拐角处的可怜女人。她总是把自己的面孔埋在身体里,似乎只有这样才能得到些许安全感。

我每次从她身边路过,都会刻意放轻脚步,生怕自己会唤醒女人那张惊慌失措的面孔。可圣母大街实在是太寂静了,静到我

孤独的力量：内心才是一切的答案

小心翼翼的脚步声在这里却好似化作了雷鸣，瞬间吓到了那个可怜的女人。女人蓦地抬起身子，由于动作太猛烈，不免有些踉跄。

我不敢直视女人那张失去了所有希望只剩下惶恐的面孔，只好尽量把自己的注意力集中到女人的手上。可那枯槁的双手就已经让我心悸不已，冷汗瞬间打湿了我的后衣。我觉得自己应该做点什么，一定得做点什么，才能让自己平静下来。

你知道的，在圣母大街病倒是一件非常可怕的事情。在这里，你没有任何办法去躲避死神的镰刀，只能像那个可怜的女人一样失去所有希望。倘若我病倒在这里，我想我会用尽全力祈祷有好心人能把我送到天主医院。那里好歹是人来人往，就算自己死在那里，也不会孤苦寂寞。

实际上，天主医院门前的道路是条怜悯之路。就算你病入膏肓，步履蹒跚，你也不用担心自己会被横穿广场的车辆撞到，可以安心地在那里欣赏巴黎大教堂。其实，那些横穿广场的车辆便是专门为病人服务的，车夫们为了招揽生意，总是不停地摇动车铃。别小看这些车辆，它们会给濒临死亡的人带来世间罕有的温暖。因为所有人都会为这些车辆让行，就算是高贵的萨根公爵也是如此。不信，你看殉难者大街的莱格朗夫人乘车奔向医院的时候，是不是整个巴黎都停了下来，只为让其能够顺利前行？

不过,那些驶向医院的马车终究让人感到不舒服,虽然那些马车总是装饰着美丽的小窗户,并且在窗户上安置着看不清里面的毛玻璃。但哪怕是一个想象力匮乏的门房都能感受到美丽窗户后面隐藏着的苦痛,更不要说其他感情丰富的人了。

出人意料的是,那些服务病人的马车却和其他普通的马车保持同样的价格标准,都是租一小时两个法郎。这可能是二者唯一的平等吧。

病人的目的地是天主医院。这家医院历史悠久,自克洛维国王建立法兰克王国至今,接纳了数以万计的病人。或许,到了此刻,医院里的五百五十九张床位仍座无虚席。但凡事有利就有弊,天主医院体量巨大,自然会有疏漏,不可能注意到每个细节。

比如,医院不可能为每位病人安排最妥善的死法。对医院来说,死亡不过是统计簿上的数字。而到了这里,那些富裕的家族——有能力承担奢华葬礼的人们——也会对死亡产生麻木,觉得一切都会变得无关紧要。

于是,那些希望死得特别、死得有意义的人反而变得十分罕见,就好像世间罕有人想要拥有独立人生那样。人们总是逆来顺受,对上天安排好的结局提不出任何异议。当上天告诉人们一切都该结束的时候,人们就会乖乖地面对死亡。毕竟,在死亡面前,

孤独的力量：内心才是一切的答案

一切都是徒劳。

想想吧，那些疾病给人们带来的痛苦，有哪些是听从人们控制的。病人的努力常常付之东流，而医生们也总是说："我们尽力了。"可结果呢？结果病人还是死了。医生们的尽力似乎只是在尽最大的努力处理病人的死亡，让病人面对死亡时可以少受一点痛苦。

反观在疗养院里的人们，他们面对死亡时却非常安详，并且不会指责医生和护士，反而会感激他们陪伴自己直到最后。这些人对待死亡的态度让人敬仰。

当然，最优雅、最体面的死法还是留在自己的家中，并且为自己筹划好盛大的葬礼。

葬礼得讲究，不能简化任何步骤，这样才能让亲友感受到自己的气派。这实际上是死者留给亲友的最后馈赠。因为死者虽然面对死亡时做不了什么，但是，却可以向亲友传达自己面对死亡时的坦然。或许，那些参加葬礼的亲友看到死者穿着体面考究的葬服静静躺在那里的时候，会幻想自己最后也能坦然地穿上这华贵的衣裳。若是衣裳大了一些也没有关系，反正人死之后身体会膨胀一些，索性敞开胸怀，在生命的尽头拥抱天地。

我在参加葬礼的时候总会想起自己的家乡。家乡的所有人都

第六章　世界是心灵的倒影

能正视死亡，老人们看得透彻些，孩子们看得浅显些，男人们把死亡埋在胸膛，女人们则是把死亡藏在子宫……反正不管是谁，不管老少男女，都会像果肉裹住果核那样把死亡紧紧裹在身体里。而那里的人也因此而感到无比自豪。

我的祖父布里格便是这样的一位老者。这位老官员一直在考虑何处才是他人生的最后一站。这份思考持续了两个月之久，以至于每当我回想的时候，还历历在目，印象深刻。

我家那幢古老而又巨大的庄园，在祖父眼中显得微不足道，他似乎觉得应该再扩建两排厢房才配得上自己的死亡。祖父不停地让仆从把自己从一个房间挪到另外一个房间，但所有的房间都不能让他感到满意。最后，这位老官员让管家领着家里所有的男仆、女仆，甚至还有猎犬，还是把自己抬进了太祖母过世时住的房间。

自太祖母逝世之后，她的房间便被封存，不允许任何人进入。因此，这个房间才一直完好无损地保留着二十三年前她离世时的模样。可此时一大队的人和狗涌了进来，房间的窗帘也被悉数拉开，夏日午后浓郁的阳光如脱缰野马一般瞬间闯入，上下打量着那些惶恐羞涩的家具，迫不及待地想要侵占它们。

进入房间的人们也如同这阳光一般控制不住自己的好奇心与

眼球。女仆还好一点，怕自己会破坏房间里的宁静，因此小心翼翼地收敛着自己的目光；而男仆却没有那份矜持，目瞪口呆地盯着房间里的东西；而几个年老的仆从更是走来走去，似乎是想要从房间的某处唤醒自己沉睡的记忆。

祖父的那群猎犬倒是恪尽职守，房间里的气味没有让它们放松警惕。那些体型高大、身材精瘦的俄罗斯猎狼犬先是在扶手椅处仔细嗅闻，然后又晃动着身体，踩着小而碎的步伐走到窗台前，用细长而又结实的后腿支撑身体，将前爪搭在镶有金箔的窗台上，探出自己的脑袋，警惕地注视着外面的庭院；个头敦实的德国猎犬则是像棕黄色的棒球手套那样瘫在靠近窗户的摇椅上，似乎对什么都漠不关心，但你仔细一点就会发现它们时不时露出的獠牙，而祖父最喜欢的那条巴赛特猎犬，则是靠在一根镀金的桌腿上，漫不经心地蹭着自己的脊梁，弄得金腿桌子上的塞弗勒瓷杯不停颤抖。

对于那些二十多年来一直处于安静环境的物件来说，此时便是一段非常恐怖的时间。比如，仆从们随意地打开书页，任由夹在书中的玫瑰花瓣书签滑落到地上，另一名仆从还一脚踩断了玫瑰花瓣的脊梁。无数小巧精致的装饰品被仆从们惊醒，有些命好的，在亲吻地面前被仆从接住，放回了原处。可不是所有的装饰

第六章　世界是心灵的倒影

品都那么好运,有些被套上了锁链,锁在窗帘背后,再也见不到天日,有些则是掉落到地毯上、木板上,碎片满地都是。

如果有人问这一切究竟是怎么一回事,是什么让这个原本被精心呵护的房间蒙受如此劫难,答案却只有一个字,那即是——"死"。

梦想的诗学（节选）

[法国] 巴什拉

我想用几句话作为导言的总结。对于孤独来说，我们没法用心理学知识来研究，只能用我们能找到的所有资料与文献来探索。这些文献都来自书籍，而我们所能做的，便是阅读书籍。

从某种意义上讲，阅读便是现代心理学的"一维空间"，代表了文字转变到心理现象的整个过程。我们应该把文字看成某种心理现实，而书籍便是这种心理的现实载体。对于人类来说，书籍不过是最普通不过的物体，但它却又是长久的，因为书中的文字包含了一个权威的世界，这个世界是任何人甚至它的作者都不能私自占有的。

我们应该仔细阅读书中的文字，毕竟书的作者为其付出了心血，把自己的某些心理现象用文字做了第一次转变。我们阅读时则是用文字做了第二次转变，转变成属于我们的心理现象。这些转变具有传承性，而传承就是书籍所拥有的永恒价值。

实际上，人类早就注意到了传承的重要性，印度史诗《罗摩衍那》中便有关于传承力量的描述。

智者蚁垤告诫他的弟子们，让他们在心中默念神赐之诗，弟子们欣然允诺。结果没过多久弟子们便惊讶地发现，若是用等量的音节和四个音步来默念这首诗，那么诗就会变得异常柔美，朗诵者们也会随之在胸中荡起爱、勇气等诸多情绪。

看吧，即使是默默无声的阅读，也会让自己感觉到文字的律动。

不过，书籍最大的特性，在于它既是现实的虚拟，又是虚拟的现实。这不难理解，因为即使是空想主义者所写的书籍，也要以现实作为依据。而当我们读一本书的时候，我们便进入了一个虚拟的现实，这个现实或让我们甜蜜，或让我们痛苦，或令我们产生同情，或让我们产生希冀……

书籍是虚拟的，但我们的情绪却是真实的。

我们只是苦恼于书籍带来的情绪也受到我们自身的局限,书籍并不能根本性地解决我们的情绪问题。因此,任何一本书都只能为苦恼的人提供一种顺势疗法。而这种疗法只能在引发沉思的阅读中产生疗效,尤其是在符合读者兴趣的阅读中具有最好的疗效。

此时,读者的心理会分裂成两个层次:他一方面意识到自己的兴趣会影响到自己的审美,一方面又会因为自己的审美而无意识地选择兴趣。这两个层次相悖,于是便产生了矛盾。

而解决这种矛盾的最好方法便是阅读诗歌,诗歌能让审美达到喜悦的顶峰,同时又能提高人们的审美,可以轻松无比地解决困扰人们阅读的矛盾。

让我们假设一下,若是世上没有了诗人,那么执着于想象的哲学家该怎么探索世界呢?他没有任何可做推测的样本,难道让哲学家们向心理学家寻求帮助吗?

恐怕心理学家那些对于想象的测验与反测验非但对哲学家没有任何的帮助,反倒只会让哲学家惶恐不安。何况,我们也不确定心理学家是否有足够的想象测验。我们也不知道心理学家愿不愿意为哲学家费心劳力。但诗人却不一样,他们热衷于想象,并且热衷于为所有人搭建想象的世界。

第六章 世界是心灵的倒影

诗人为每个时代都准备好了最具想象力的诗歌，我们所要做的仅仅是选择那些契合我们时代的诗歌。那些符合我们时代的诗歌就好像为我们打开了想象世界的钥匙，我们只需要找到对的钥匙，便可进入适合我们的想象世界。

如今，是诗人辈出的时代，大诗人、小诗人、著名的诗人、隐没的诗人、拥趸众多的诗人、让人艳羡的诗人层出不穷。这些诗人有一个共同点，就是他们无书不欢，无书不读。

他们可以在新书中找到指路的光芒，也可以在旧书中找到别样的彩虹。新书为诗人带来活力，也为他们创造奇迹提供了契机。旧书则保存了一个时代的记忆，没有旧时代哪来新时代？而诗人所做的，便是让旧时代的多姿多彩迸发在新时代。

但是，诗人们得注意一点，对于你们来说只去接受显然是不够的，你们应该像教育学家或营养学家那样执着于"吸收"。所以成功的诗人会告诫大家不要囫囵地阅读，不要让阅读变成机械运动。

我们可以把深奥的书籍分成多个小小的部分，然后细细地品，慢慢地嚼，这样我们阅读的书籍才具有价值。

不过，在这之前，我们应该明白，首先得有品嚼的欲望，我们才能吸收，因此我们必须渴望读书，渴望多读书，渴望永远读书。

让我们从现在就开始对着书桌上的书籍祈祷吧,让阅读之神听到我们虔诚的声音:"请您赐予我们无休止的饥饿,好让我们的阅读永不停歇。"